我们的工作，
从倾听当地居民的心声开始。

在户外调查中倾听当地居民的心声。
（大阪 余野川大坝专项）

利用当地生产的蔬菜，学习
如何让餐桌变得丰盛的家岛
的主妇们。（兵库 家岛专项）

モノをつくるのをやめると、
人が見えてきた。

（跳脱设计本身，转为发掘人性。）

印着人脸标志的土特产海报。（兵库 家岛专项）

不是设计
只让 100 万人来访 1 次的岛屿

而是规划
能让 1 万人重访 100 次的岛屿

可供当地社群充分利用的百货公司。（鹿儿岛 丸屋花园）

城镇里不可或缺的百货公司

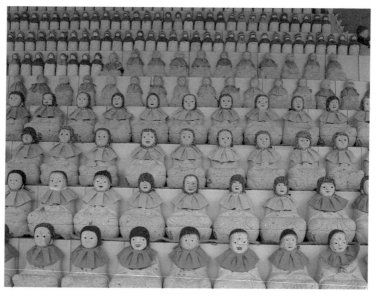

在"探索岛屿"专项中看到的万体地藏苑中的地藏菩萨塑像。(兵库 家岛专项)

1 个人能做到的事
10 个人能做到的事
100 个人能做到的事
1000 个人能做到的事

もくじ

将居民提案按照实施人数划分的计划书目录。（岛根 海士町综合振兴规划）

在 "放学后 +design" 专项中,与参加的学生们共享有关孩子的问题。(+design 专项)

得到课题立即动手写企划书
根据需求一遍又一遍地修改

与当地的居民成为
好朋友的学生们。
（大阪 余野川大坝
专项）

设计是用来解决社会问题的工具

这个世界还有变得更好的可能

社区设计

比设计空间更重要的，是连接人与人的关系

〔日〕山崎亮 著

胡 珊 译

北京科学技术出版社

COMMUNITY DESIGN – HITO GA TSUNAGARU SHIKUMI WO TSUKURU by Ryo Yamazaki
Copyright © Ryo Yamazaki 2011
All rights reserved.
First published in Japan by Gakugei Shuppansha, Kyoto.

This Simplified Chinese edition published by arrangment with Gakugei Shuppansha, Kyoto in care of Tuttle-Mori Agency, Inc., Tokyo through Shinwon Agency Co. Beijing Representative Office.

著作权合同登记号　图字：01-2017-7966

图书在版编目（CIP）数据

社区设计：比设计空间更重要的，是连接人与人的关系 ／（日）山崎亮著；胡珊译. ——北京：北京科学技术出版社，2019.1（2023.8 重印）
ISBN 978-7-5304-9967-2

Ⅰ．①社… Ⅱ．①山… ②胡… Ⅲ．①社区－建筑设计－研究 Ⅳ．① TU984.12

中国版本图书馆 CIP 数据核字（2018）第 270256 号

策划编辑： 陈　伟		**责任编辑：** 王　晖	
责任校对： 贾　荣		**装帧设计：** 芒　果	
责任印制： 张　良		**出 版 人：** 曾庆宇	
出版发行： 北京科学技术出版社		**社　　址：** 北京市西直门南大街 16 号	
邮政编码： 100035		**网　　址：** www.bkydw.cn	
电　　话： 0086-10-66135495（总编室）		0086-10-66113227（发行部）	
印　　刷： 河北鑫兆源印刷有限公司		**开　　本：** 850 mm×1168 mm 1/32	
字　　数： 186 千字		**印　　张：** 7.75	
版　　次： 2019 年 1 月第 1 版		**印　　次：** 2023 年 8 月第 5 次印刷	

ISBN 978-7-5304-9967-2

定　　价：59.00 元

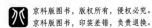

前　言

　　"社区设计（community design）"可能是个不常听到的词。也许很多人会以为这是个新造的词。其实这个词早在1960年就开始使用了，只是其包含的意思与现在稍有不同。

　　50多年前日本刚开始使用的"社区设计"一词，主要出现在新城镇（new town）的建设过程中。新城镇指的是，互相之间没有关联的人们从全国各地聚集而来，为了在群居生活中创造良好的人际关系，就要考虑如何配置住宅，如何设计大家可以共同使用的广场或聚集场所等种种问题，社区设计便应运而生。当时，社区广场、社区中心等类似的词语热度很高。设计师抱有这种想法：只要有了可供大家共同使用的场所，人与人之间的关系自然会变得亲密起来。因此，当时的社区设计指的是住宅地的规划，即划定某个地区，在其物理空间上进行规划设计。

　　一方面，本书探讨的社区设计并非住宅的配置规划。50年间，大部分的住宅区已建成完毕，既有通过规划建成的，也有无规划自发建成的。另一方面，不管是从前就存在的中心市区，还是离岛及平原农耕地区的人居群落，这些优良的人际关系网络正在逐渐消失。国内出现了100万以上的抑郁症患者，每年大约有3万人自杀，同样大约有3万人孤独地死去；不知道如何参加社区活动的退休人员数量急增；除自家与职场、自家与学校之外，只知道通过网络交友的年轻人，他们中的大部分人没跟网友见过一次面。在这50年里，这个国家朝着"无缘社会"（译注："无缘社会"一词出自日本 NHK 电视台 2011 年播出的一则探讨人际关系疏离的新闻报道，反映了日本社会中无血缘、无社缘、无地缘的现状）迈进。这些已经不是光靠住宅的配置规划、在物理空间上对住宅及公园进行设计更新就可以解决的问题了。我的兴趣之所以从建筑和景观设计转向人际网络的社区设计，就是因为意识到了这个问题。

当然，并不是某天突然意识到了这个问题，而是在建筑或景观设计的过程中，慢慢发觉"有些问题不解决掉是不行的"，继而这些问题在我心里不断膨胀，以至到了不容忽视的地步。结果是我从设计公司辞职，开始自立门户。

所以，我想邀请抱有同样想法的设计师，或是发现仅靠建筑或景观设计无法解决（但是感觉又必须解决）的课题的人来阅读此书。

据说在英语中，社区设计有了新的叫法，如"community development（社区发展）"或"community empowerment（社区营造）"。虽然在意思上会更为准确，但是这两个词在日语中读起来都很拗口。"社区设计"读起来清晰，意思也还算能传达到位。重要的是，刷新旧时社区设计留给人的印象，不断催生高时效性的课题，这样"社区设计"一词的意思也会自然更新吧。

景观设计（landscape design）、社区设计、社会设计（social design），本书涉及的设计范围之广，非一名设计师能独立完成的。譬如景观设计，景观不是靠某个人之手就能设计出来的。社区设计亦是如此，更别说整个社会了。

正因如此，本书在讨论上述问题时，笔者身边会有形形色色的人物登场。有的地方注释会比较多，一方面是因为笔者的文字功底不足，但另一方面，这也是论述社区设计的特点，望读者朋友海涵。

我啰唆完了，请您开始阅读此书吧。

目录

项目地图

第 1 章

发现"人性互动"的设计

1. 发现"人性互动"的公园

—— 有马富士公园（兵库，1999~2007 年）

什么是令人愉悦的公园

我在大学读的专业是景观设计，宣称能设计景观。在某种意义上属于大胆设计领域的景观设计，对象涵盖广，从个人庭院到公园或广场，以及大学校园等，其中公园设计是日本景观设计的主战场。我在大学念景观设计时，从未思考过公园该由谁来设计。实际上，为了建造令人愉悦的公园，需要耗费大量的时间及精力，需要照顾到空间上的每一个细节。我对公园的看法因此发生了改变。

看法发生改变后再观察公园，有了许多新的发现。我发现了设计师设计考究的部分，也明白他们想要表现的东西。但有一个疑问越来越明显，为什么大部分设计考究的公园，在不到10 年的时间里，就变成了无人问津的没落场所？无论多么考究的设计，设计师在公园开园后，就几乎不再和公园产生关系了。

可实际上却是开园后的公园该如何管理非常重要，这个管理方式决定了 10 年后公园的命运是凄凉还是受欢迎。

以这个思考作为契机，我参与了有马富士公园管理的相关工作。有马富士公园是位于兵库县三田市山边的县立公园，最初开园时占地面积约为 70 公顷。园内除了园区活动中心及自然学习中心外，还设计了自然观察分区及儿童游乐场所。这座位于山中的公园，距离最近的公交站要走 20 分钟的路程，毗邻兵库县立人与自然博物馆，该公园亦属于博物馆的一部分。兵库县政府的负责人，就公园的维护方案还同博物馆负责人中濑勳先生①商讨过。那时给出的关键词是"公园管理"。效仿美国公园的管理模式，不单单是被动等着游客到来，而是积极地举办各种活动来诱导游客上门。这个方案需要当地居民参与其中才能进行下去。这是开园前两年发生的事。

在实施当地居民参与的公园管理模式期间，中濑先生联系我，希望我能帮助他制订一个运营计划。当时还在设计事务所②上班的我，第一次接触了运营相关的工作。当然，我必须开始学习运营管理相关的知识。我请来了中濑先生介绍的讲师，举办了 8 场关于公园管理的学习会③。这个学习会，不仅有博物馆的研究员及行政负责人，还邀请了地区的 NPO（非营利组织）、志愿者团体、大学生等参与其中，全体参加者对有马富士公园未来的运营方案达成了共识。

学习迪士尼乐园的待客之道

迪士尼乐园的经营管理之道或许在世界范围内已形成常识，而我却是第一次学习迪士尼乐园的运营方式。当时，"迪士尼乐园的运营方式为何能成功"已成为热门话题，有关迪士尼乐园运营的书争相出版，许多人在读完书后，再把书卖给旧书店。我记得那时我在"一律100日元"的书架上买了很多与迪士尼乐园相关的书，深感自己跟不上时代的潮流。

迪士尼乐园的经营管理项目众多，与公园相比特别值得一提的是"演员（cast）"的存在。演员指的是会载歌载舞地扮演米老鼠、唐老鸭等角色的人，演奏音乐的人，或是打扫清洁的人。

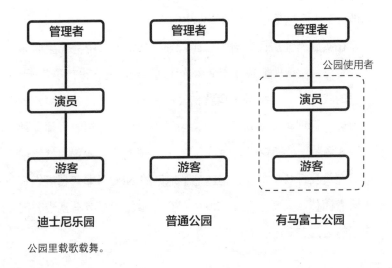

公园里载歌载舞。

自然观察项目。演员和游客一起在公园里活动。

这些人将我们这些进入园区的游客带入了一个梦的世界。尽管游客见不到作为管理者的东方乐园公司（Oriental Land）的员工，但演员的存在使得迪士尼乐园充满乐趣。插个题外话，为了计划能顺利实施，我们也去迪士尼乐园考察了好几次。因为并不是为了游玩才去的，所以也没购买娱乐设施免费的"通行证"，大部分时间只购买"入场券"能进入园区就好了。有一次特别想乘船去"汤姆索亚岛"上看看，但是我们没有通行证，必须要购买园内的交通票，不知道是不是大部分游客都有通行证的原因，我们没找到"交通票贩卖点"。最后因为怎么也找不到，于是找了位清洁人员向他询问"交通票该去哪里买"，对方一本

日本キノコ協会　プレーパークプロジェクト　人と自然の会　三田里山どんぐりくらぶ　緑の環境クラブ　キッピー探検隊　フレッシュAIB　湊川女子高等学校茶道部　ベル・コンチェルト星の会　サンダ・バード　社交ダンスガーネット　せさみキッズ あみゅ～ **70団体以上** 辺の生き物の会 森の案内 クラブ 蛍の会　Nots　FMさんだ設立準備委員会　SOW倶楽部 おはなし集団・だっこ座有馬富士植物研究会　三田煎茶道 ひょうご森のインストラクター　日本愛玩動物協会　さんだ天文クラブ　三田よさこいチーム笑希舞　ヒメカンアオイの会 各种各样的活动团体，社群也在其中。

正经地回答道："路线有点复杂，要好好记住哦！"说完往我身后指了指，笑着说："近在眼前。"我转过身，交通票贩卖点果然隐藏在茂密的丛林里。连清洁人员都意识到自己作为演员的职责，即便是指路也要让游客感受到欢乐，这点让我很感动。

市民参与型的公园管理

　　普通公园里没有演员。游客到公园里一般也不会遇到管理者，自己游玩好了就回去。管理者为了不给游客造成困扰，只是种花除草罢了。既然如此，有马富士公园是不是也需要一些演员，像迪士尼乐园一样，在管理者和游客之间插入载歌载舞的演员？可是，迪士尼乐园的演员是为了赚钱才载歌载舞的，而有马富士公园是县立公园，不能收取门票钱。这样一来，势必只能找那些愿意无偿演出的演员。也就是说，只能得出一个结论就是将游客和演员都考虑成公园的使用者。提供表演的演

我们将市民参与型的活动项目命名为"筑梦活动"。由各个社团提交企划书，通过审核后，就能在园内开展活动了。（摄影：有马富士公园活动中心）

社区设计：比设计空间更重要的，是连接人与人的关系

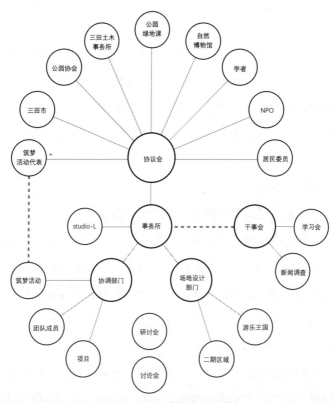

	2001年	2003年	2005年	2007年	2009年
计	412,140	538,980	695,540	677,300	731,050 （人）

	活动数 （企划书件数）	筑梦活动 实施次数	筑梦活动 参与人数	当日 工作人员数量	筑梦活动 参与团体数
2001年	60	104	18,089	998	22
2003年	56	461	52,396	1,213	25
2005年	86	526	46,245	1,913	30
2007年	108	686	50,376	2,686	31
2009年	103	736	54,310	2,301	31

支持公园运营的人与公园运营的实绩。协议会由学者、博物馆相关人员、行政人员、公园管理者、筑梦活动代表以及当地居民等共同参与。

员和享受表演的游客，都是利用公园空间获取快乐的人。

于是，我们通过博物馆询问相关社团，是否有意愿担任有马富士公园的演员。我们首先听取了几个社团的意见，询问有关活动的内容及其中的困难。对于他们提出的"租借会议室的费用太高""印刷活动传单太费钱""缺乏放置活动道具的场所""年轻人不愿意加入我们的社团""演出场地少"等各种有关活动的问题，我们亦进行了整理。这些问题也许可以在公园管理中得到解决，我们一边同行政负责人及博物馆研究者一起探讨，一边确定运营计划。

第1年参与我们的活动的社团有 22 个。由以研究员藤本真里为中心的博物馆研究者来调整社团的活动内容，在园内开展各种各样的活动节目，例如用竹签与和纸制作日式风筝的放风筝社团、在园内池塘边观察生物的社团、在园内里山边游玩边观察自然的社团等。

另外，幸好有公园活动中心的存在，需使用电脑教室、演唱会等在室内开展活动的社团才愿意进驻公园，这样一来便可吸引到不常来公园的人。这也让我们感受到了举办这些乍看好像与公园无关的活动的意义。

无论哪个社团都乐在其中。周末来到公园，与游客一同分享自己想要展示的节目。平日里，大家晚上聚集起来筹备活动相关事宜。这和我印象中的"志愿活动"很不一样，看着他们开心的模样，我感受到为了能让公园持续充满活力，不仅需要讲究空间设计的细节，欢迎游客并与游客共同享受活动的社团的存在也很重要。

切实感受到管理的重要性

采取上述措施的结果是，有马富士公园的年人流量比公园刚开放时还要多。2001年，公园刚开放时的年人流量约为40万人，8年后则已超过70万人，据说是超过了市场预期。迪士尼乐园也是在开园时入场人数达到最多，然后逐渐减少，在娱乐项目更新时会有少许增加，但接下来仍然会减少。可是有马富士公园的游客却在逐渐增加。其中一个原因，便是公园中社团开展的活动。

由各社团开展的活动次数，第1年约有100次，8年后达到了700次以上。无论是NPO、俱乐部，还是同好会，大部分社团手里都有一份对自己活动感兴趣的人员名单，少则百人多则

《有马富士公园读本》已成为在更换公园内社团、公园管理的视察者及协调人员之间可供参考的珍贵资料。

上千。名单上记载的人，可以说是这个社团的粉丝了。社团在开展活动前，会以邮件等方式通知粉丝，一些收到通知的粉丝会前来参加活动。

在有马富士公园举办活动的社团，最初也有不习惯的时候，1个月开展1次活动都会筋疲力尽，后来慢慢习惯在大庭广众之下讲话，平常使用的道具也可以摆放在公园里，举办活动的频率也升至2周1次甚至1周1次，期间粉丝也会到公园来捧场。有马富士公园里的演员即为社团，当社团数量增加时，入园人数亦会增加。

通过有马富士公园的管理方式，我们可以学习到很多经验。感触最深的就是社团的力量。无论哪个社团都乐于在其中开展活动，无形中承担起公园内公共服务的义务。于是，造访公园的游客数量不断增加。若只是对公园的物理空间进行改造，也许很难达到这个效果。我学到了一种观点，不仅要在硬件上进

公园活动中心雇了2名年轻的协调员。一手负责节目活动的调整、协调会的准备、园内引导及特别活动的实施等与公园管理相关的各类事项。（摄影：有马富士公园活动中心）

开辟公园小路的活动——"大家一起动手做木屑小路"。

行设计，更要在软件上注重管理，如此才能催生出一个持续充满活力的公园。

今年（2011 年）是有马富士公园开园 10 周年。因为超过 50 个社团的助力，公园越来越充满乐趣。

注：

① 在与中濑先生一起合作有马富士公园的项目后，我参与了博物馆自身的运营计划制订（2000 年和 2005 年），同时管理多座公园的研究会（2001~2003 年）等相关工作。在兵库县研究所，我参与了中濑先生主导的山地离岛地区村落及流域管理等相关研究（2005~2010 年）。我所知的管理相关知识，大部分都是从这些研究及实践中学到的。

② 经营建筑和景观设计的"SEN 环境规划所"。

③ 公园管理学习会的主题及讲师：第一回《公园的立地环境与运营计划》(角野博幸教授)、第二回《将公园变成观光胜地的措施制订》(角野博幸教授)、第三回《NPO 的运营及培养方式》(浅野房世女士)、第四回《公园的关系营销》(喜多野乃武次教授)、第五回《新旧居民的交流方式》(前三田市市长塔下真次)、第六回《NPO 法人支援 NPO 的运营方法》(中村顺子女士)、第七回《文化活动与公园的未来蓝图》(鸣海邦硕先生)、第八回《从昆虫采集到都市政策》(高田公理教授)。

2. 不要独立做设计

——游乐王国（兵库，2001~2004 年）

将孩子的想象反映到游乐场的设计中

我因为参与了有马富士公园的运营管理，在开园后不久就被委托设计儿童的游乐场所。当时我任职的设计事务所接下了该项设计，并由我担任负责人。

在公园开园后，附近有一块大约 6 公顷的场地，堆满了公园施工时运出来的沙土，我们决定将这块场地改造成儿童游乐场。有马富士公园当时已投入使用，园内有供人们观察自然及散步的里山却缺乏让孩子自由玩耍的场所。于是我想，如果公园周边的小学、幼儿园、托儿所等机构的孩子们来到这个游乐场，他们就可以交到朋友，然后自由自在地玩耍，或许他们会对自然产生兴趣，继而去探索有马富士公园的里山。

关于设计的进行方式，我想尝试"参与型设计"的模式。就是在建设公园时召开研讨会，邀请未来很可能会使用该公园

大学生志愿者和孩子们。

的附近居民，探讨理想中的的公园形象。但是，这次的设计对象是儿童游乐场，将来的使用者当然是儿童。孩子们的语言表达能力有限，若研讨会上只用对话的方式与孩子们交流，也许很难收集到他们的诉求。

因此，我们试着与小朋友一起玩耍，一起设计游乐场所。2场研讨会共有200余名小学生参加，我们在屋外一起玩耍，在屋内试着设计游乐场所。我们用相机或摄像机将研讨会的整个过程记录下来，借此挖掘孩子们在哪个时间段或空间里兴致高涨，和小伙伴一起会做什么游戏，该设计何种规模的游乐场等信息。

我还在思考一件事，就是游乐场开放后的运营管理。同有马富士公园的其他场所一样，这个游乐场最好也有社团入驻。因此，我认为在设计阶段就应该决定好入驻的社团，现场施工时要与社团衔接好，待游乐场开放时社团活动可以一起跟上。于是，我们呼吁附近的大学或短期大学的学生们以"孩子王"的名义来跟孩子们做游戏。

边玩边开的研讨会

我们在市中心的公园里举办了第一场研讨会。即使是同一个玩具，孩子们也会有各种各样的玩法。一方面，因为有大学生"孩子王"带着一起玩，初次见面的孩子们也能立刻打成一片;另一方面,当孩子们真正接触大自然时,却不知道该怎么玩,所以他们大多会模仿孩子王的玩法。住在三田市新城区的孩子们,因为已经习惯了拥有娱乐设施的街区公园,好像几乎不知道在大自然中该怎么玩耍了。

所以在设计游乐场时,要遵循这样一个原则,首先在入口处的场地内规划娱乐设施,接着随着孩子们游玩路线的移动,场地设计慢慢向自然景观过渡。孩子们已经习惯了在这个游乐场玩耍,又有了小伙伴,在孩子王的带领下,即使在大自然里,孩子们也能发明新的游戏方法。如此,在与大自然的接触中,

以当地的民俗童话"雷之子降临"为蓝本,会发出声音的游乐场地设置在高处,有房间、小屋或迷宫的空间模拟"雷之子降临"的村落。

孩子们也会对有马富士公园里的其他区域产生兴趣，也许就会以游乐场为起点玩遍整个有马富士公园呢。

我们在附近的小学体育馆里举办了第二场研讨会。我们准备了大量包装材料、瓦楞纸箱、垫子、蓝色纸等物品，观察孩子们与孩子王玩耍的过程中，会造出什么样的游乐场，会做什么游戏。男孩子大多造出可以攀爬、往下跳或者滑行的游乐场；而女孩子则是偏好造小房子，在小房子里做各种图案或绘画，或在里面玩过家家。另外，有几个孩子联合起来造了个大迷宫，在里面玩捉迷藏，并发出巨大声响。

与孩子王一起做游戏的孩子们。

观察的结果是，应该打造这样的空间：一进入游乐场就有一个声音外放的空间，这个空间可以引导游客发现下一个游乐场地，并串起游玩路径。于是我们准备打造 4 个空间：声音外放的空间；有小屋子、房间或迷宫的空间；只有巨大物体陈设的空间及视野良好的空间。每个空间都是边长 50 米的正方形场地，这 4 个空间组成了完整的游乐场。

每个空间之所以被设计成边长 50 米的正方形场地，是因为有人提出大致在这个范围内，一个孩子王可以掌握所有孩子的行踪。在游乐场开放后，特别是周末，孩子王队伍会来常驻，在与孩子们打成一片的同时，我也希望他们能成为初次来公园玩的孩子与常来公园玩的孩子之间的纽带。

同时规划硬件设计与软件管理

在推进基本设计、实施设计的同时，我们也扩大了孩子王团队的规模。我们邀请了专家来指导大家在与孩子做游戏时应该知晓的知识或技巧，如儿童心理、游戏特性、如何交朋友、大自然游戏等，同时以帮助我们筹备研讨会的大学生为中心，呼吁更多的学生加入到孩子王的队伍中来。这个培训讲座由兵库县立人与自然博物馆的嶽山洋志研究员牵头推进，除了大学生、毕业生、本地居民等也参与了进来。

游乐场完工后，培训讲座也同时结束。游乐场开园仪式时，许多孩子王纷纷登场，他们招呼着来游玩的孩子们，与孩子们玩起了各种游戏。

通过游乐场这个项目，我们体会到在设计硬件时要充分考虑使用者的意向，特别是学到了在面对孩子这种难以清楚表达意见的群体时该如何获取有用信息的方法。另外，我们也深切感受到同时规划硬件设计与软件管理的重要性，以及开园时硬件和软件同时准备完毕的意义。

距游乐王国开园已过去 7 年（2004~2011 年），曾经与孩子王一起玩耍的孩子们也长大了，上初中或高中的他们开始作为孩子王活跃在游乐园里。顺便说一下，孩子王社团也成为有马富士公园的特色活动。

3. 建立设计机制

——联合国儿童基金会公园专题（兵库，2001~2007 年）

一有想法就要立刻写企划书

在"游乐王国"项目上，我学到了硬件与软件之间的平衡。我常常思考有关儿童游乐场的种种问题，特别是关于这种"建造方式"的思考。的确，在设计游乐王国时，我们观察孩子们做游戏，从中找到设计灵感，不仅仅是单纯地设计硬件，也在组建孩子王团队这种软件设计方面下功夫。可是，这种"建造方式"不也是大人在设计"孩子们应该会喜欢的空间"吗？游乐场只能是大人"设计"给孩子们的吗？上述就是我一直在思考的问题。

恰逢此时，我所在事务所的上司浅野房世女士[①]叫我写一份有关游乐场设计的企划书。浅野女士不是设计专业的，从她身上我学到了与传统的设计教育相差甚远的思维，例如基于 NPO 管理及市场营销的角度来进行设计。她还告诉我要把想法立刻整理成企划书后再提出来。

　　一般的设计师不会做企划书。通常是接到工作委托后才在设计过程中不断涌现想法，很少有在接到委托前就把想法整理成企划书再提出来的设计师。但是我的上司却认为企划书才是重点。在她的领导下，我学会了写好几页的企划书，为解决社会课题提出了新的思路。

　　其中一项就是这次的儿童游乐场"联合国儿童基金会公园专题（UNICEF PARK PROJECT）"的企划书。

探讨社会课题

　　对当时正在设计游乐王国的我来说，这个课题来得恰是时候。我一直在思考，难道只能靠大人给孩子设计游乐场，不能由孩子们自己设计吗？换句话说，我想将"设计游乐场"本身变成游戏，由孩子们设计游乐场，再由其他孩子进行扩展，从

必须牢记：自己认为理所当然的事情，对别国友人来说可能并非如此。

而打造一个特别的游乐场。而且，别的孩子们在游戏的过程中也可以改造更新这个游乐场。这个设计过程令人愉悦，而完全由大人打造的游乐场，孩子们则没有插手的余地。因此，企划的核心便是"孩子们可以持续设计的游乐场"。

对此，我的上司提出了另一个课题，即世界儿童面临的现状，因为喝不到干净水而死亡的孩子、无法受到完整教育的孩子、没有补充适量维生素而失明的孩子……这些现实问题需要花费数百日元就能得以解决，而在日本的公园里玩耍的孩子们到底能否理解呢？上司说，这才是公园与孩子之间应该解决的另一个课题。假如一个日本的孩子明知投入 100 日元便可以让 22 个婴儿免于失明，却仍然浪费了 100 日元，那也是他本人的意愿，别人也不好指责他。可是，假如大部分孩子不知道 100 日元这么宝贵呢，这就是大问题了。公园是孩子们的集中场所，不要把"学习"只扔给学校，公园不也是让孩子们明白金钱在世界层面上的意义、在面对世界性问题时也有自己力所能及的事情的契机吗？因此，上司让我把这些观点写进企划书里。

编写方案包含多个目的

我的提案是"让全世界的孩子一起持续设计游乐场"。但是，为了"持续设计游乐场"所需准备的资材该去何处收集呢？在考虑这个问题的时候，我想到了关于日本的里山、竹林等次生环境问题。自从人们不再进山开展伐木、除草等管理活动后，迄今为止经改造而保持良好生态景观的次生环境日渐荒废，造成生物多样性降低，里山的生态观赏价值也开始锐减。为了重现里山良好的风貌，人们必须再次对其进行改造管理。里山志愿者对树木有选择性地进行砍伐，清理枯枝落叶，但这种志愿活动的效果十分有限。例如，在里山范围内设置游乐场，建造游乐场的木材从里山内获取，这样林丛将变得稀疏，使阳光能透射到地面，次生环境的生态景观不就能得到恢复了吗？我们可以利用楢树或橡树建造小屋，利用孟宗竹制作滑滑梯，割下细竹晒干后捆起来，如此，将从里山获得的材料收集起来，用以持续建造游乐场，这样不也可以确保里山良好的生态环境吗？于是我便在企划书里加上"保全里山"这样的关键词。

"让全世界的孩子一起在里山内持续设计游乐场"的方案，就是将世界各国的孩子们集中到日本的里山，了解关于日本的次生环境，在伐木和收集落叶的同时持续打造游乐场。通过这个过程，若世界各国的孩子们可以相互理解各自的处境，那么对于孩子们来说公园的存在价值便多了一项。

我提交了这份企划书。这个课题能开展的关键是对"同世界各国的孩子们一起设计游乐场"这一提案感兴趣的大人们。为了将游乐王国里的孩子王组织化，这次需要培训另一支队伍。这次的孩子王不仅要带领孩子们做游戏，我们更希望他可以制造机会，与孩子们一起思考世界各地的文化与习惯、里山的自然环境等问题，我们将之称为引导师。引导师指的是运用各种知识技术来引导对方的兴趣、行动及想法的人。

联合国儿童基金会公园方案启动

我跟上司讨论过后，带着企划书第一个拜访的是日本的联合国儿童基金会。因为这个方案是要将全世界的孩子集合起来，所以第一个就想到了这个组织。在听完我的详细说明后，负责人却对我说："联合国儿童基金会没有实施自己项目的预算。"就是说联合国儿童基金会主要是通过与企业或政府合作来推进项目的，几乎没有独立实施项目的情况。负责人告诉我，若想实施这个企划，必须寻找到执行项目的主体。

当时我想能执行这个"与孩子一起设计公园"的方案的主体是国土交通省，这个官方机构长期负责日本的公园建设规划。于是我立即前往霞关找公园绿地科的负责人探讨。但是到能与负责人谈及这个方案为止，我花了 1 年多的时间，期间每天奔波于品川的联合国儿童基金会和霞关的国土交通省之间。最终，联合国儿童基金会表示若国土交通省同意实施这个方案，他们也会给予合作，国土交通省表示若联合国儿童基金会决定实施这个方案，他们也会给予财政支持。于是，企划便以"联合国儿童基金会公园方案"的名称开始推进了。

100 位来自俄罗斯、美国、土耳其、中国、菲律宾、摩洛哥、南非等 10 个国家和地区的儿童以及日本神户的儿童齐聚里山，由 100 位引导师协助进行活动。

让世界各国的孩子们一起设计游乐场的工作营

公园设计的地点，我们定在位于神户的国营公园预定地（待建地）。公园准备期的预定地，曾经是市民管理养护的里山。作为预定地，这块土地在被收购后，同全国各地的里山情况一样，整座山也荒废了。这座山从 2002 年开始，汇聚了来自世界各国的孩子们。第 1 年，由在日本国内上小学的美国孩子及神户市内公立中小学校的孩子组成的团队，通过三天两夜的集中住宿，利用从里山取出的材料打造游乐场。这之后，延长打造游乐场的天数，并在一年内实施数回上述活动，对方案的推进方式进行各种实验。

2005 年正值阪神淡路大地震 10 周年，在神户举行的国际会议邀请了各国专家前来探讨抗震经验。以此为契机，我们邀请了与会人员的孩子参加联合国儿童基金会公园方案，开展了一个为期 10 天的工作营。

联合国儿童基金会本部的高级主管肯尼斯·马思卡卢先生，长相神似美国演员罗伯特·雷德福，脸却十分严肃。

　　白天，孩子们相处融洽，看起来是在协力制作玩具，其实是想在完成制作后争取第一个玩。无论日本还是俄罗斯、泰国的孩子都是如此。可是，到了晚上，情况稍有些改变，让人深切感受到各国孩子之间的差异。看到日本孩子吃晚餐时有剩饭，马来西亚孩子会提醒他们。日本孩子说暑假过去了要去学校好讨厌，菲律宾孩子则说他们很想上学，可是必须要工作。孩子们发觉到白天跟自己没两样的他国小伙伴们，其实有着截然不同的价值观及文化。

　　工作营进行到了中期，联合国儿童基金会本部的高级主管肯尼斯·马思卡卢（Kenneth Maskall）先生前来视察。他刚从苏门答腊岛海啸灾难现场赶到神户，可能是由于这个原因，一副心情不好的样子。他呵斥道："在苏门答腊岛上联合国儿童基金会是挽救大部分孩子性命的希望。跟救命相比，这个项目算什么！在山中让全世界的孩子一起打造游乐场这种事不是联合国儿童基金会该干的事！这世上还有很多孩子等着我们去救！"虽然我感到很震惊，但还是向他解释道："发达国家的联合国儿童基金会能做的事情只有募集资金吗？对于出生在发达国家的我们来说，当看到在没有铺装的道路中央，由于营养失调而腹部膨胀的黑人孩子流泪站着的海报时，我们会觉得那些生活在远方贫穷国家的孩子们很可怜，然后捐钱。我们是为了那些跟我们不一样的孩子才捐钱的。通过'联合国儿童基金会公园方案',可以让孩子们理解,世界各国的孩子们本质上是一样的,可生活环境却大相径庭。让孩子们从理解相同点出发,从而引导他们考虑彼此之间的不同之处不也很重要吗?"

10 天的集体生活结束后,孩子们该去关西国际机场搭乘回国的班机。通过工作营而组成团队的引导师与孩子们相拥而泣,依依不舍。孩子们唱着在工作营里一直唱的歌,互相道别。在伦佐·皮亚诺(Renzo Piano)设计的简约候机楼内,伴着吉他声孩子们大声唱着歌,既觉得有点不好意思,又觉着这有什么关系呢,心情很复杂。

联合国儿童基金会公园的社团培养

平时的联合国儿童基金会公园,引导师团队将割下的细竹捆起来,砍伐竹子作为建造游乐场的准备材料。另外,引导师也会去附近的中小学校讲授关于世界水资源、教育情况及地雷清除作业等方面的知识。我们将其中的一个环节设置在联合国儿童基金会公园现场,让孩子们从河里取水,头上顶着重达 10 千克的水走路,体验清除土里地雷的艰辛。另外,修补在工作营里与世界各地的孩子们一起制作的玩具,并制作更多的玩具,持续打造游乐场。

就这样,在联合国儿童基金会公园里玩耍的孩子中,有的升上高中后加入了引导师团队。2001 年作为参与者的神户市小

某位大学生引导师的绘画作品，描绘了制止战争、运送干净水、向世界传播教育的年轻人们。画中年轻人们的头顶上，浮现出曾经在联合国儿童基金会公园里与世界各国的孩子们一起打造游乐场的美好记忆。对社区设计师而言，最开心的莫过于，一个孩子以在联合国儿童基金会公园的体验为契机被培养成在世界舞台上活跃的人才。

学生，在 2005 年成为高中生后义务加入了引导师团队。随着领导更替，新的团队领导产生，引导师的角色也逐渐改变。由于组织里不断注入年轻活力，参加者也能经常挑战新鲜任务。这点对于长效管理非营利性团体而言十分重要。

空间设计与社团设计

通过这个项目，我学到了一发现需要解决的社会性课题，就要立即开始写企划书，并根据需要不断修改。实际上，为了迎合联合国儿童基金会及国土交通部的想法，该企划书已修改了 50 次以上。

另外，我们深切感受到，游乐场不应只由大人设计，而应该建立一个设计机制，让孩子们在打造游乐场的过程中可以相互理解、愉快相处。因此，带领和看护孩子做游戏的引导师的角色非常重要，同时也要重视该如何管理由引导师、孩子们以

联合国儿童基金会公园入口处的招牌，是由引导师与孩子们一起利用从里山获得的材料制作的。

及附近的中小学生组成的新团体的问题。

开放空间的设计，不应只局限于单纯用树木花草作装饰。我们必须考虑到在该场地里会有什么样的人以及他们会获得什么样的体验。

之后，我们收到了来视察过的联合国儿童基金会本部的主管寄来的报告书的复印件。上面写了这样一段话："在日本神户开展的工作营活动——发达国家的联合国儿童基金会应该推行这一模式，联合国儿童基金会本部也应该对其进行支持。"

肯尼斯·马思卡卢先生是个好人，只是他突然呵斥时还是挺可怕的。

注：
① 当时，浅野女士是我所在的设计事务所"SEN 环境规划所"的关联企业"SEN 通讯研究所"的负责人，现为东京农业大学教授。我从浅野女士身上学到了"一发现可研究的课题就立即写企划书，并将此作为工作来实现"的方法。

第 2 章

跳脱设计本身，转为发掘人性

1. 向城镇渗透的都市生活

——在堺市环濠地区开展的户外调查（大阪, 2001~2004 年）

造园学会的研习会

工作后的第 2 年（2000 年），我想参与工作之外的建筑或景观设计相关的活动，恰好此时收到了日本造园学会关西支部发来的"LA2000"研习会的通知。我大学时期的恩师、大阪府立大学的增田升教授是此次会议的责任人。这次的研习会由关西的年轻景观设计师担任导师，我二话不说就报名参加了。

研习会的现场聚集了 50 余名参加者。会议地点设在神户市滩区的西乡酒藏地区。我与小组成员一起勘察现场，寻找课题，思考地区的未来，汇总与景观设计相关的提案。一年时间的活动结束后，在与组员融洽相处的同时，我也知道了以研习会形式推进项目的乐趣。

翌年，我参加了第 2 个活动（同样由日本造园学会关西支部主办的"LA2001"）。随着导师更替，活动募集了新的参加者，在大阪府堺市的环濠地区开展户外调查研习会。研习会分成 5 个小组，各自以"工作室"自称。这次的研习会我以导师的身份参加，并将自己工作室的主题命名为"生活"（一起担任工作室导师的还有空间创研的奥川良介先生）。当时，我一直认为景观是由当地居民的生活所积累而成的，若想构建景观就必须从生活着手。研习会除了有我担任导师的生活工作室，还成立了生态工作室、时间工作室、风景工作室及地形工作室，参加者以各自的工作室为单位参与研习会。

团队组织化

此时，我有了一个试验想法。在参加过有马富士公园项目后，我被公园里活跃的各种社团所征服，公园一时之间充满乐趣，而举办活动的社团成员们更是乐在其中，这点令人印象深刻。因此，接下来的游乐王国及联合国儿童基金会公园专题，我便加入了培训新游乐社团的流程，利用破冰游戏、团队建设等手段，让团员对建立主题型社团产生兴趣。因此，在担任生活工作室志愿者导师之际，我也要致力于组建一支同样坚实的团队，能自主开展活动的独立型社团。

于是，我同参加生活工作室的 15 名成员一同考察了堺市的环濠地区，为加深相互之间的理解而开展各式游戏，尝试组建团员分工明确的团队。参加者中不乏优秀人才，有些能成为凝聚队伍的核心，正因为有他们的鼎力支持，工作才能愉快地开展下去。

生活工作室开展的活动

生活工作室开展的活动大致分为 2 种。第一种负责前半部分的调查，第二种负责后半部分的提案。调查被分为"生活领域""生活时间"及"环濠动物园"3 种。

"生活领域"指的是将环濠地区过去的生活与现在的生活进行领域对比。据说在古时候，作为自治都市而繁荣一时的堺市，即使是战国武将也必须下马寄存好佩刀才能进城，足可见其牢固的住民自治制度。查看当时的地图，在东西距离 1 千米，南北距离 3 千米的环濠都市范围内，散布着食品店、日用品店、衣料店、精品店及娱乐设施等场所。将上述地点连接起来，可知昔日居民的生活范围约占环濠地区的一半，即在 1.5 千米范围内步行生活。另一方面，现在的居民步行的区域范围有多大呢？我们邀请了 6 名当地居民来协助我们在地图上标示出来。结果是步行范围比想象中要小，区域相当狭窄，与其他人的步行区域几乎没有重合。照这样看，即使在环濠地区内步行生活，也不会感受到与别人相遇的乐趣。假如人们能在日常生活中稍稍扩大步行范围，就能增加与其他人相遇寒暄、聊天的机会。若这种机会逐渐增加，或许能催生出本地的社团吧。为此我们的初步设想是有必要建立一个环濠地区内人人皆可使用的户外空间。可是城镇里的居民都不怎么出来步行，若我们随便建造一个户外空间，早晚会成为"鬼城"吧。

是不是环濠地区的居民缺少步行时间？为此我们开展了关于"生活时间"的调查。我们邀请了不同年龄段的4位居民，用照片记录下他们一天的生活。然后我们发现，宅在家看电视、看杂志的时间比想象中要多。照理说他们应该有外出走动的时间，也许只是缺乏出去走走的契机吧。

带着上述想法，我们将焦点转移到放置在环濠地区庭院内的动物摆件上。每家都将摆设朝向道路放置，吸引着路人的目光。但实际上并没有这么多人在路上行走。因此，我们决定将这些动物摆件全部拍成照片，在地图上标出其位置，发放给环濠地区的居民。生活工作室的全体成员分工明确，在自己负责的区块里反复考察，最终一共发现643座动物摆件。把这些摆件标示在地图上，变成一幅能促使人们拓展自己步行空间的地图——"回家路上稍微绕道去看看猴子摆件吧"。我们将这份地图命名为"环濠动物园"，并打算将地图发放给环濠地区的居民。(可是，2年后再次调查同一地区时，由于开发高楼大厦等因素，许多独栋住宅被拆掉了，那些放置在庭院里的"动物"也消失了，"生物多样性"显著下降。)

综合以上调查，我们继续探讨，若想促使人们在环濠地区内走动，需要设置什么样的户外空间。最终选择了地区内14处

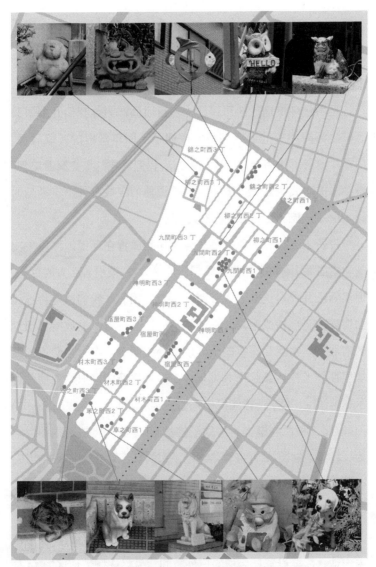

"环濠动物园"。我们在环濠地区的庭院里共发现了 643 座动物摆件。每家都将摆设朝向道路放置，吸引着路人的目光。

场所作为必要的空间进行提案制作，提案用设计图、透视图、模型及 CG（电脑图形）技术来呈现，并制作了在学会上发表使用的展板。

向独立生活发展

生活工作室的提案同其他工作室的成果一起，在京都举办的日本造园学会上发表了。不过，我们更希望能在堺市环濠地区的居民面前发表，那些在"生活领域""生活时间"的调查上协助过我们的人，那些在户外调查时遇到的人，我们认为必须向他们汇报调查得出的结果。

于是，在学会发表结束后，我将生活工作室的成员召集起来，向他们表达了继续活动的想法。当时是 2003 年，这次活动超出了当初预定的时间，所以我们只召集了有此意愿的人，向他们表达独自活动的想法。结果，愿意继续参加工作室活动的有 9 人，另外有 2 位新人加入，我们 11 个人重新整理了提案的内容。

整理的方向大致有 2 个。第一，将提案内容整理成简报资料，以便在论坛或研讨会上发表。第二，将提案内容整理成小册子，放在咖啡屋、美容店等营业场所供大家阅览。特别是后者，制作小册子需要经费，所以要向成员们征收活动费。我当时对大家说："像滑雪社、网球社，为了自己的兴趣爱好要花钱那样，我们这次的活动也是为了愉悦自己，所以要收取会费。"可是这样收集到的钱不够用来印刷小册子。所以我们购买了喷墨打印机及许多明信片用纸，把小册子的每一页打印到明信片上，并将这些明信片放进明信片收集册，制作成宣传册。

最终完成了 60 页的研究篇《环濠生活相关注解》及 180 页的提案篇《环濠生活》的宣传册。我们打印了 24 000 张明信片，并将明信片一张张放进明信片收集册，分别制作了 100 册。因为这次活动与造园学会无关，所以我们不使用生活工作室这个名头，重新命名为"Studio:L"。也就是在工作室（Studio）的后面加上生活（Life）的英文首字母 L。成员们一起工作的时候，我们打趣道："要是能成立专门做这种工作的公司就好啦。"当时做梦也没想到，数年后，我自己独立开了家设计事务所，把 Studio:L 稍稍做了改动，作为事务所的名称（studio-L）。

《环濠生活相关注解》（研究篇）及《环濠生活》(提案篇)。把明信片一张张放进明信片收集册，分别制作了 100 册。

与商店街的人们互动

我们在当地的俱乐部及书展等活动中分发宣传册时，正好碰到了在位于环濠地区中心的山之口商店街工作的人。这也成为了我们协助该商店街制订振兴发展计划的契机。这事发生在2004年。当时还在设计事务所工作的我，只能在工作日的晚上或休息日，与 Studio:L 的成员一起探讨商店街未来的发展。

首先，我们决定先将造园学会发表时用过的展板放置到商店街公会的办公室里，把保管好的展板运到商店街。另外，把手工制作的宣传册放在商店街上的各个店里，希望提案的内容能被更多人知晓。接着，我们制作了商店街的网站主页，讨论出用橙色作为主题色以及页面设计等相关细节。网站主页完成后，我们认为还需要能展示网站链接的商店街招牌，于是便设

制作册子的场景。将喷墨打印机打印出来的明信片按每叠100张摆好（图右），工作室成员走来走去依次将明信片装进明信片收集册（图左）。期间打印机坏了2次，可能打印机开发商也没想到，1周内竟然要打印 24 000 张明信片。

计了附有网站主页链接的广告牌。堺市的商店街被称为自行车小镇，我们希望游客可以轻松地骑着自行车来购物，因此我们将自行车脚踏板上附着的橙色反射板贴到招牌上，这样在夜里通过反射车头灯的光，广告牌上的内容也能被看清。

位于大阪市梅田的"DAWN"俱乐部所举办的"FREE EXPO"。

咖啡厅、银行及美容店等营业场所愿意让我们放置宣传册。

位于大阪市北区的 MEBIC 扇町举办的"Book Maker's Delight"。

成立 studio-L

在以 Studio:L 自由社团的名义活动 2 年后，我想真正开始从事社区设计相关的工作了。当时还未意识到社区设计这个词语，但是通过公园管理工作，我感觉到社团拥有的潜力。通过生活工作室及 Studio:L 的活动，我学会如何使团队组织化，更有后面提到的兵库"家岛专项"让我度过了一段欢乐时期。另外，由于在设计事务所一直很关照我的浅野房世女士已决定去东京担任大学教员，事务所内的人事结构亦发生改变。因此，2005 年我辞去了事务所的工作，开始独立门户。

在创立自己的事务所期间，我没怎么考虑过名称。Studio:L 这个名称是我们这 11 个成员使用至今的，在征求过成员们的同

在山之口商店街的入口设置的广告牌。

意后，稍稍做了改变，事务所的名称便定为 studio-L。

　　11 位成员都是已经大学毕业参加工作的，有 3 位成员（醍醐孝典、神庭慎次、西上亚里莎）希望能辞去工作，与我一起创建 studio-L。于是，我同他们 3 人一起寻找适合作为事务所的地点，联合曾经指导过的大学生以及技校的学生，一起进行室内施工，最终打造完成了位于大阪梅田的事务所。

享受非营利性活动的乐趣

　　在生活工作室、Studio:L 及 studio-L 的各种活动中，我感触颇多。如堺市那般，若当地能催生出令城镇变得有趣的社团，这群人既能自娱自乐，结识志同道合的朋友，也能一点点改变

以社区为基础

设计　　　　　　　　　　　　　　　　　　　　　　**管理**

景观设计	公园管理	街区营造	综合计划制订
·千里康复医院	·兵库县立有马富士公园	·家岛专项	·家岛町综合计划
·东山台住宅外部结构设计	·京都府立木津川右岸运动公园	·穗积木材厂项目	·海士町综合计划
·穗积木材厂广场设计·监理	·大阪府营泉佐野丘陵绿地	·堺东站前地区	·笠冈市离岛振兴计划
·庆照保育园改造园设计·监理	·联合国儿童基金会公园专题	·大阪府箕面府町	
·大阪市筑港景观规划	·轟地区砂防大坝公园	·土祭管理	
·湘南港景观设计	·积水住宅开发提供公园	·水都大阪 2009	
·六甲机场 W20 街区造园计划	·*OSOTO*	·延冈站周边整顿项目	
·西能医院景观设计等	·丸屋花园等	·五岛列岛半日游团体活性化等	

无论设计工作还是管理工作，全部是以社区为基础进行下去的。实际上现今的设计与管理是分开进行的，但社区设计的项目在逐渐增加。

当地的氛围吧。尽管我们可以深入城镇主动开展活动，但我们毕竟是外人，而且不知道何时会离开那里。还不如在当地找到与我们抱有同样想法的人，与他们分享活动的乐趣，关键是能形成新的持续性开展活动的主体。这种活动与享受滑雪、网球一样，并非"给城镇举办活动"，最理想的是"使用城镇、愉悦自己"。最好是几个本地人合资举办一些趣味活动，结果被大家感谢也会感觉更快乐吧。如何催生出能开展这种活动的社团呢？以在生活工作室及 Studio:L 的经验为出发点，我们决定通过 studio-L 从事为城镇设计核心社团的工作。这样不仅能让人们自己乐在其中，也能结交到志同道合的朋友。

刚租下房间时，我们把笔记本电脑摆在蜜柑箱上设计事务所的室内装潢（图右）。酷暑中，将家中大部分书箱搬到没有电梯的老房子 4 楼。很想再次对汗流浃背帮助过我们的学生表示感谢。

2. 城镇正在被使用

——景观探索（大阪，2003~2006 年）

户外调查——寻找善于使用户外空间的人

生活工作室结束后，我正打算以 Studio:L 的名义展开独立活动时，造园学会开始了第 3 次企划研讨会。这次我继续担任导师，提案为"户外调查——寻找善于使用户外空间的人"。经讨论后，发现不仅是寻找人，这次的户外调查也包含探寻运用适宜的物体或空间。125 名参加者如往常一样被分为 5 队来开展活动。由于这次活动有风景探险的意味在，故把 5 队总称为"景观探索队（Landscape Explorer）"。

在户外调查收集到的照片中，不乏令人兴趣浓厚的事物，但我最感兴趣的是善于使用公共空间的人。例如，下午 3 点银行关门后，开始在门口支起摊子卖养乐多的阿姨。为契合楼梯的高低差，她把木质折叠椅的后腿截短，这样自己就能坐得稳稳当当。她自己开辟了一个空间，本地的老年人走出家门汇集

银行关门后立即支起摊位卖养乐多的阿姨，以及与阿姨闲聊的本地老人。（摄影：奥川良介）

过来。即便养乐多卖不出去，阿姨也能与"来店者"聊得起劲。
这个阿姨要是不在，或许这些老人找不到出门的理由吧。看着
这些老人的笑脸，我感受到这不单是在公共空间卖养乐多的商
业行为，更是一种社会福利。另外，在结束摆摊后，这个阿姨
会把自己周围的卫生打扫干净再回家。幸亏有她，银行门口才
能保持干净。我不禁想，要是其他地方也能多点这样的阿姨，
在大街小巷开展这种活动，社会福利部门或道路管理部门的工
作量也会减少吧。同样我们也发现了许多把公共空间当成自己
的东西一般使用，同时也带来正面影响的人们，例如，在铁路
旁布置庭院、绿化铁路沿线的大叔，帮忙管理道路旁的绿化带，
以及在绿化带间隙内种植紫苏或葱的大妈。

假如城镇里有这些人存在，我们也不必把公共空间设计得
"面面俱到"，而是应该设计一个能促使当地居民相互交流的空

在铁路旁绿化带上辛勤劳作的大叔。
（摄影：金田彩子）

间吧。基于上述观点，我提出了"设计与善用空间者类型配套的公共空间"的方案（详情请参照景观探索队所著的《受虐狂景观》，学艺出版社，2006）。

户外爱好者们的杂志 OSOTO

上述户外调查在 2005 年告一段落，景观探索队接到了来自大阪府公园管理财团法人大阪府公园协会的一次洽谈。对方希望可以对公园协会出的册子《现代公园》进行大幅改版，做成能在书店里贩卖的杂志。他们询问我们是否可以接下这个企划及编辑。正好我刚自立门户，就接下了这个项目。那时候浮现在脑海中的是在户外调查中发现的"善于使用户外空间的人"。我想，是不是可以通过介绍有趣的利用户外空间的方法，让一部分读者去实践，从而创造出全新的风景。

基于上述想法，我向对方提出了新杂志的概念："介绍相关事例，把过去在屋里做的事情带到户外的契机"。对公园协会来说，想要增加公园游客数量，首先必须得刺激人们自愿踏出家门吧。因此，我的提案是，新杂志的主题并非公园本身，而是全部户外空间的情报发送，从而孕育出善于使用户外空间的族群。

杂志名称定为由景观设计事务所 E-DESIGN 的忽那裕树[①]先生提议的 OSOTO（译注：日文"お外"，意思为户外、外面、罗马音为

OSOTO)，也就是让大家在户外享受乐趣的意思。大家在户外可以野炊、读书、演奏、发明新的体育运动、采摘野菜进行趣味料理。我们制作了这样一本寻找、采访及介绍刺激人们走出家门、享受户外空间案例的杂志。

从软件开始的景观设计

通过 *OSOTO* 的编辑工作，我们了解到世上有许多善用户外空间的人。另外，通过网络留言，我们也发现有不少人想要知道如何善用户外空间。或许一个人很难踏出第一步，但若是

发行：大阪府公园协会
主题："户外"生活方式情报志

对象：一般读者及行政公园绿地相关职员
尺寸：B5　彩页 48 页、黑白 16 页（共 64 页）
发行数量：约 4000 册
发行次数：1 年 2 次（4 月、10 月）
价格：690 日元（含税）
发行范围：全国一般书店

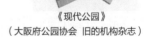

《现代公园》
（大阪府公园协会 旧的机构杂志）

OSOTO，由景观探索队的成员收集素材，实际是由 E-DESIGN、OPUS、studio-L 三家合力完成的杂志。由于各成员还有本职工作，故每年最多只能发行 2 次。2006 年春季发行准备号，到第 6 号为止都是 1 年发行 2 次，从 2009 年开始邀请读者提供素材，实现双向交流，开通了博客及电子杂志。（详情请参照 www.osoto.jp）

在户外享受音乐的人们。(摘自 *OSOTO*)

几个人聚集起来在户外野炊、读书，会比单独在户外活动更有趣，大家也能产生共鸣，甚至催生出具有某种限定主题的社团。*OSOTO* 实际上也企划过各种各样的活动。每次都能在瞬间催生出社团，如今各自亦密切联系。(这次联系成为了设立 NPO 法人"Public Style 研究所"的契机，实践了各种各样关于善于使用户外空间的项目。)

　　景观是由当地人的行为积累而成的。植树叠水，虽然能通过设计物理空间来营造景观，但若能稍稍改变人们的生活或行为方式，也能打造出良好的风景。*OSOTO* 做的试验，是尝试通过活动或项目来进行景观设计。不仅要设计硬件，也要通过软件层面的管理来设计景观。此次试验的结果将在以后的具体项目中开花结果。

注:
① 忽那裕树先生是我在大学的前辈，我们从造园学会主办的第一次户外调查时就一起合作，特别是在我自立门户时受他关照，我们一起合作过 15 个项目。

3. 从方案里设计景观

——千里康复医院（大阪，2006~2007 年）

从活动中考虑设计

位于大阪箕面市的千里康复医院，专门提供脑卒中（中风）患者恢复期的康复训练。该医院的庭院设计由 E-DESIGN 的景观设计师忽那裕树先生负责。我与忽那先生一起参加过造园学会的一系列研习会及 *OSOTO* 的编辑工作。忽那先生邀请我参与千里康复医院的庭院设计。我在设计事务所工作时，曾学习过通过植物栽培来促进病人康复的园艺疗法。我提议康复医院的庭院设计应以园艺疗法为主轴，不应该设计单纯欣赏的庭院，而应打造能进行复健项目的庭院。不过，并非明显分割出一块用于复健的空间，最好是该空间既保持美丽的风景，实际上又能随处进行园艺疗法项目。

因此，首先要设计能配合播种、浇水等活动的园艺疗法项目。其次，要依次规划出与园艺疗法无直接关系，但可供人们

千里康复医院的庭院。园艺治疗师正在进行活动。（摄影：E-DESIGN）

进行散步、读书等活动的场所。我们探寻能同时满足上述两项活动的空间，另外不排除衍生其他未知活动的可能性，故空间形态会少许抽象化，即"既能做这件事，也能做那件事"的形态。最终我们要确认设计的风景是否能美得让人一见倾心。以上便是我们计划的设计流程。

康复医院在当地发挥的作用

　　根据上述流程，前半段整理活动内容的工作主要由我负责。不过忽那先生也会跟我一起思考。后半段的工作主要由忽那先

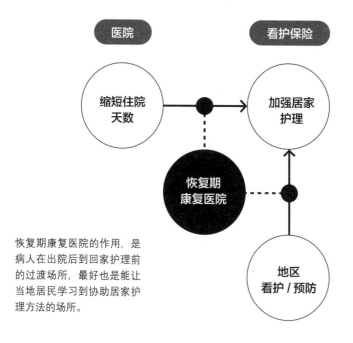

恢复期康复医院的作用，是病人在出院后到回家护理前的过渡场所，最好也是能让当地居民学习到协助居家护理方法的场所。

生负责,同时我也会协助描绘草图及修改平面图。我们通力合作,最终完成了空间形态设计及运营方针制订。

在考虑园艺疗法项目时，首先要明确康复医院的作用。

近年来，致力于本地看护服务的志愿者日益增多，但能学到园艺疗法手法的机会却几乎没有。如果是在室内进行的作业疗法，尚能通过参加公民馆（译注："公民馆"是指为居民开展各种有关结合其实际生活的教育、学术及文化方面的活动的教育设施）等地的讲座来获取相关知识，但在室外学习，特别是学习关于通过植物介入推进疗效的园艺疗法的机会却少之又少。因此，虽然恢复期康复医院存在的首要意义是为患者提供康复训练，但另一方面，也要成为让当地看护志愿者在协助过程中得到学习训练的场所。

基于上述想法，我们设计的医院庭院不只为患者服务，也能让当地居民进入并学习园艺疗法。另外，需要提供患者与当地居民交流及教授园艺疗法的空间。甚至，我们希望园艺治疗师工作的场所不设在医院内，而是建起独栋小屋,屋内氛围祥和,可以随意饮茶、读书、聊天。

园艺疗法的效果

园艺疗法是指将植物种植（包括挖土、整地、播种、种植、洒水、除草、观赏、闻味道、收获果实吃掉等行为）这项活动当作复健活动（动动手、使用铲子、拿起洒水壶、拔草、制作料理、收拾准备道具等行为），从而取得良好效果的医疗行为。根据患者的不同情况组合活动内容，为每位患者提供特有的复健项目。这就需要园艺治疗师具有足够的知识、经验及管理能力。另一方面，看护志愿者从事一般性的称之为"园艺福祉"的活动，除了协助进行园艺疗法项目外，大部分志愿者与患者一起享受园艺作业的乐趣，在治愈患者本身的同时，志愿者也治愈了自己。

　　实际上，园艺疗法的治愈效果两成在于植物本身，三成在于参与园艺作业的过程，其余五成在于人与人之间的交流。并不是单单有植物，或自己一个人独自作业，重要的是与看护志愿者或园艺治疗师一起，边闲聊边享受园艺的乐趣。也就是说，问题的关键不在于种植的植物美不美，而在于如何与别人建立联系等关于交流的问题。

闲话家常可发挥园艺疗法的最大效用。

将项目设计与空间形态设计重合

我们在考虑上述想法的同时也在整理空间布局，比如住院患者、志愿者、门诊患者、有住院经验者或访客、前来散步的当地居民等，他们会进入哪种空间，会使用哪种庭院。接着我们把这些空间叠加在一起，敲定每个空间的使用主体，列举多个空间内可能会发生的行为模式。

我把上述行为模式整理好后发给设计师，请他提出能满足各种行为活动的空间形态。后来我与设计师又对列举出来的行为模式进行考察，多次讨论是否会遗漏其他行为模式。因为既然能从行为模式上确定空间形态，所以也能从空间形态上得到新的行为模式。

于是，我们利用模型或透视图来表达已确定的空间形态，一步步修正设计，希望能成就一幅美丽的风景，千里康复医院的设计工作最终成型。另外，园艺疗法也在进行中。我作为召集本地志愿者的工作人员，通过熟人关系联系了几名实践经验丰富的园艺治疗师并介绍给医院。其中一名已被医院录用，开始在已建成的庭院里开展园艺疗法项目。

利用图表、相互理解、通力协作

通过交流协作我注意到了三点。第一点就是图表的重要性。可用来详细探讨项目或行为模式，细查是否与设计相配套，接

第 2 章　跳脱设计本身，转为发掘人性

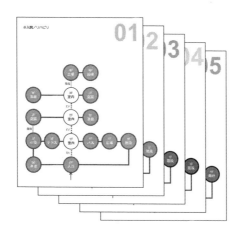

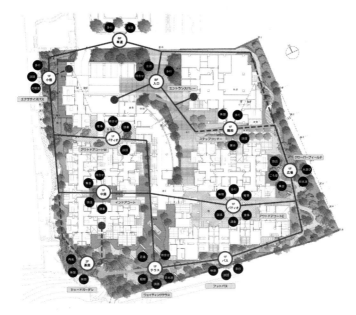

将活动与设计重叠对照。

着调整整体布局以打造美丽风景。在这个过程中，用关系图或图像照片等图表将人们的行为及关系可视化，若要在空间上配置行为模式，可有效地将意图传达给设计师。反过来说，若能制作出优秀的图表，则更容易决定设计方向。

第二点，参与探讨空间形态的人必须了解项目活动情况，探讨项目活动情况的人也必须对空间设计有所了解。例如，在此次项目中，因为我原本就是景观设计师，同时也负责项目活动设计，忽那先生则在对项目活动设计有深刻理解的基础上负责景观设计，我们之间的交流因此非常流畅。实际上在探讨的过程中，忽那先生多次对项目活动设计提出建议，而我也会对空间形态设计提出自己的见解。

第三点，除了上述两项发现外，我还发现，即使软件与硬件设计无法全部由一个人思考，但若有值得信赖并能相互理解的设计师协助，也可将硬件设计交付于他，这点便是我在一连串的设计流程中获得的最大收获。

我原本就从事硬件设计，而却把这部分交由别人负责，总感觉自己舍弃了老本行。但是，以此项目为契机，我也开始思考：这世上会硬件设计的人何其多，而其中值得信赖的设计师又不少，那我应该去做其他有意义的事吧。

我开始感觉到，不设计硬件的设计师也会有无限可能。

第3章

社区设计——
促使人们联系起来的工作

1. 从一个人开始的城镇设计

——家岛专项（兵库，2002~）

从投飞镖开始

在我领导造园学会户外调查中的生活工作室期间，参加者中有位叫西上的学生（现为 studio-L 的工作人员）说她想以"城镇设计"为主题来做毕业设计。在生活工作室思考关于堺市环濠地区的未来时，她提到自己讨厌光凭设计一个华丽的公园就能达到"城镇活性化"的说法。这个认识很正确。但是，大学里只有教授空间设计方法的老师，她希望我能像《环濠生活》那样指导她项目的推进方法。而我正好有指导教师资格证，所有条件都刚刚好，真是没办法拒绝。正好生活工作室的活动已告一段落，便决定帮助指导西上的毕业设计。这还是我在设计事务所工作时发生的事。

最初我告诉西上，城镇设计中最重要的是沟通能力。在做毕业设计时，调查各地著名的城镇设计案例，整理其特征，再以相同手法提出城镇设计方案，这样并不能锻炼沟通能力，而是应该前往一个前所未闻的城镇，用灿烂的笑脸及卓越的沟通能力同当地人交流，问出这个城镇的改造课题才是最重要的。如果能做到这点，那毕业设计就完成了一半，剩下的就是与当地人合作，提出解决方法。为了举例子，我在研究室的墙壁上贴上西日本的地图，朝着大阪投飞镖，我开玩笑地说："投到哪个地方就去那里走访，与当地人交流后找到当地需解决的课题，这就是城镇设计最理想的方法。"

哪知西上居然当真了。她瞄准大阪往地图上投飞镖，但技术不行，投中了距离大阪以西很远的兵库县姬路市的家岛群岛。从那天起，西上便辗转乘坐电车、公交车和船出入家岛群岛。

家岛群岛是从姬路港坐船约 30 分钟可到达的海上群岛。在

家岛群岛，从姬路港坐船约 30 分钟可到达的海上群岛。盛行采石业。

由 40 多个岛屿组成的家岛群岛中，仅有 4 个岛上有人活动。人口主要集中在家岛及坊势岛，家岛町的公务所（现已与姬路市公务所合并，变成家岛分所）设立在家岛上。临近的男鹿岛以采石为业，人们挖山采石，大量石料被运出岛。家岛町的人口不足 8000 人，并在急速减少，原因是产业衰退，作为主要产业的采石业由于公建项目的减少而陷入低迷，相继歇业。

2002 年，西上独自进岛，对来往路人笑脸相迎，一边搭话一边探索地域课题。但这样的行为令人觉得很古怪，她常会被质疑：这人是来干嘛的？去公务所收集资料或情报时会被仔细盘问资料的用途。她会一遍遍回答，毕业设计想以家岛町为研究对象，希望通过了解收集当地居民的各方面信息总结出城镇设计的提案。

社区营造研修会

因为毕业设计而往返于家岛町的西上，后来作为委员参加了家岛町公务所成立的"家岛复兴计划策定委员会"。委员会主席是一桥大学的关满博先生（日后他把我们介绍给了海士町的町长），希望听听岛外大学生的意见。听说大阪来的大学生在岛内转悠，便邀请她参与到委员会中来。

家岛复兴计划策定委员会的工作，虽然是以家岛复兴为目标，但内容主要是经济方面的复兴，讨论主题也尽是如何振兴

人口数不足 8000 的家岛町。

低迷的采石业。西上除了跟我商量毕业设计的内容外，也会告诉我委员会会议的召开情况，我敦促西上提议，不单是采石业，必须重新审视岛内的生活全貌，并以此为契机召开城镇设计的学习会等。西上同学带着学生气的天真很直白地跟委员会提了这件事，主席关先生觉得这个提案很有趣，事务局的家岛町企划财政科也欣然接受了这个提案。所以说，用直白的态度面对城镇设计问题非常重要。

于是，家岛町初次开展了城镇设计相关的业务，被命名为"城镇设计研修会"，非常直截了当。此时恰逢生活工作室告一段落，新成立的 Studio:L 正要在堺市开展活动，而家岛町委托我们运营研修会，我就把有关城镇设计方面的知识及谈话技巧教给 Studio:L 的学生成员，让他们去做研修会的推进者。以西上为首的 7 人学生团队学习了有关城镇设计方面的知识，同时依葫芦画瓢地学习研修会的运营事宜。学生们会把研修会推进方面的棘手问题拿到 Studio:L 的会议上商讨，家岛町的城镇设计总算能往前推进。2002 年，学生们一边学习有关城镇设计的范例及 NPO 法人等相关知识，一边开展岛内的户外调查。2003 年举办了论坛会议，与其他地区从事城镇设计的相关人员及家岛町居民交流互动。2004 年为了制作家岛町的导游手册，一边进行户外调查，一边向历史文化知识丰富的人请教相关事宜。最终诞生了一本记载各自治会单位详细信息的导游手册。

岛屿探索（5年计划）

在制作导游手册的过程中，很大的成果就是参加者加深了对家岛町的认知及热爱。不过，作为文化输出而制作的各自治会导游手册，缺乏那种都市人一看就想来的内容。赏樱胜地、风景优美的山顶广场以及独具特色的当地神社等，这些家岛町居民希望向来宾介绍的场所，尽是别处也能欣赏到的观光胜地。真会有因为看到这些信息特意来家岛的人吗？我认为应该制作能让岛外来客直观感受家岛魅力的导游手册。

在那些岛内居民认为司空见惯的事物中，存在令岛外来客

城镇设计研修会的成果，一本记载各自治会单位详细信息的导游手册。

格外着迷的风景。在发掘这些风景并编辑成册的项目立项期间，不能依赖行政组织，要考虑自主开展活动。因为是让岛外来客在岛内享受快乐的项目，所以参加者应自行承担费用，自己出钱探索岛屿，最终，客人在愉悦的同时也能满载而归。以上就是我的设想，名叫"岛屿探索"的项目应运而生。

项目的目标有两个：第一，通过探索岛屿将岛外来客发展为家岛粉丝；第二，向岛内居民咨询家岛内是否存在令岛外来客一见倾心的风景。为达成以上目标，决定持续 5 年开展岛屿探索项目。这 5 年里，我们希望参加者能从目光所及的表面逐渐往深层次进入家岛的生活里，最终制作出能向岛外人介绍家岛生活魅力的册子。

"岛屿探索"项目每年约集合来自全国各地的大学生 30 余人。

　　项目行程为7天：第1天是项目概况说明及关系熟络；第2天学习家岛历史文化与户外调查的技法；第3天到第5天进行三天两夜的岛屿探索；第6天召开照片收集成册的编辑会；第7天领到制作完成的册子及参加庆祝会。项目的参加费用，包括从姬路市到家岛的交通费、讲师培训费、册子印刷费、岛内的食宿费等合计27 000日元。参加者限定30人。我们向国内有社群营造相关专业的大学发送宣传单，或通过网站及博客告知。也有从东京或九州岛来的参加者，每年诞生一支30余人的团队。

　　2005年举行的第一届岛屿探索的主题为"拜访家岛"。在家岛，经常能发现许多在都市里放在家中的物品被搬到户外使用，如椅子、沙发、洗涤台、冰箱、食物、时钟、手写的留言

和地毯等。这些在家里用不上的物品并没有马上扔掉，而是被
搬到屋外发挥着新的作用。例如，冰箱变成了摆放农具的仓库，
用旧的地毯被铺到田间小道上用来压住野草。之所以要如此循
环利用，是因为岛内的垃圾处理费比都市还贵。把家里不要的
物品拿到户外去循环利用，不仅减少了垃圾，营造了环保的生
活方式，同时也给来岛客人留下了深刻的印象。这是一个身处
户外但感受如同在室内，就像待在家里一样的岛。地名"家岛"
的由来，传说神武天皇在岛上躲避暴风雨，该岛地形错综复杂
且岛内风平浪静，就像待在自己家里一样，便赐名此岛为"家岛"。
现在，风平浪静的岛内各处散布着令人感受到家的温馨的物品。
集合上述特征制作册子，就像拜访别人家一样，故这次活动被
命名为"拜访家岛"。

　　第 2 年在盛行采石业的男鹿岛开展户外调查，去探访挖山、
碎石搬运的现场。这是一座如沙漠般平坦的岛屿。在我们制作
的册子里，有的在饲养鸵鸟，有的摆放着弃用的大型机械，这
些不同寻常的风景让人仿佛置身于国外一般。第 3 年是在岛内
居民的家里留宿，体验了"岛内款待"。第 4 年借用空置的房子，
通过自力更生来发掘岛屿特征。第 5 年体验岛内各行各业的工作，
为劳动者们制作了海报。尤其是第 5 年，除了岛屿探索的参加者，
还有庆应义塾大学加藤文俊研究室的学生们也与我们合作，一
起开展户外调查。

由第 1 年开展的项目"岛屿探索"的户外调查成果制作而成的册子"拜访家岛"。

留言

"艾迪（小狗的名字）在这里""请您先走""大头贴开关"……到处可见手写的留言。看起来在用亲切的语气给熟人写东西。一看到这类留言，就有一种家岛在欢迎我们的感觉。

时钟

如同学校或公园挂时钟一样，在家岛，面向道路的公告牌、商店正面、民居的玄关前等地也会设置时钟，甚至还有布谷鸟钟。也许是为了方便别人能确认船的出港时间吧。

在家岛，经常能发现许多本应在家中的物品被搬到户外使用。

 碎石业

想爬上去

想开动试试

想走到最前端

想看看矿石分选的情况

碎石业是指将大块岩石慢慢震碎，利用振动方式分选，制成不同用途的产品。
碎石分为道路用碎石、护岸工程用的砾石等。

第 2 年的主题是采石业。初次见到采石场，还以为自己身处国外。

集合照片的册子每年印刷 1500 本，参加者每人领走 20 本，其余放置在岛内各场所，或分发到大阪、神户等地的大学或咖啡厅里。参加者邀请朋友们阅读集合探索成果的册子并介绍家岛的魅力，也可以在应聘工作时作为自我介绍的材料之一。

岛屿明信片

让岛外人感兴趣而拍摄的照片，起初并不被大多数岛内居民所理解。他们完全无法理解我们收集的照片有何魅力，反倒觉得羞耻，认为这些照片毫无风景可言。在制作岛屿探索册子时，有些照片由于居民无论如何也不愿刊登，最终未放进册子里。但对我们来说，每张照片都既珍贵又有趣。我认为有必要让岛内人理解，在对风景的看法上，都市人与岛内居民之间存在差异。

于是，我们考虑把岛屿探索过程中收集的照片以明信片的形式来展示，即开展"岛屿明信片"活动。我们把照片打印在空白明信片上，制成了 200 种明信片，并在家岛的港口及大阪市内的 2 处场所进行展示。每位参观者可以免费领取 2 张中意的明信片，这样就能看出家岛与大阪市的明信片"脱销"情况完全不同。在家岛"脱销"的明信片是从神社、港口或山岗上远眺的风景照片。而在大阪市"脱销"的明信片则是独自放置在田野上的冰箱或起浪时搁置的采石用的巨大铁爪。目睹了这次活动的结果，岛内人开始认识到"外部视角与内部视角"的

第 3 年是在岛内居民的家里留宿。

令人垂涎的料理

留宿家庭做的家常料理超级棒。鲷鱼、鲐鱼、鳢鱼、星鳗、虾、皮皮虾、乌贼、梭子蟹……
多是平时吃不到的新鲜海鲜。因为食材优良不必过多加工，所以烹饪方法也很简单。
熟知各种鱼类美味吃法的家岛居民的独门"贵宾料理"，分量也很足。

在家岛受到的款待。

第 5 年让参加者体验岛内各行各业的工作，还制作了岛内劳动者的海报。

差别。

　　随着手拿岛屿探索册子到访家岛的人数增多，当地人渐渐理解了对于都市生活的人来说哪种才是富有魅力的风景。家岛町的主要产业曾经由渔业转移为采石业，今后希望向观光业转型。当被问及观光业的发展方向时，我认为若建造主题公园确实能在一段时间内吸引人流，但长久下去人们会因为厌倦而不再踏访家岛，所以应该制订逐步增加人流量的方案。我们希望打造的并非100万人只造访1次的岛，而是1万人愿意回访100次的岛，如何发展家岛的忠实粉丝才是重点。换句话说，通过岛屿探索，逐步增加把家岛当成第二故乡的年轻人数量。

　　岛屿探索的构想，源于我在大学建筑系时做过的设计实习。我们多次前往实习地点进行现场调研，发掘整理其魅力点及需解决的课题，提出该场所的空间设计方案。如此接触过的场所，往后也会稍加关注，更别说毕业设计相关的场地了，肯定倍加关注，时常会想知道该场地如今变成什么样了。如果家岛能成为这样的地方，就算每年只有30人参加活动，数年后也会变成这些人偶然想造访的岛吧，或是与朋友分享册子，介绍他们来家岛旅行，通过与岛内居民交流，家岛也会成为自己不时挂念的岛吧。以参加岛屿探索项目为契机，激发了参加者想要深入探寻家岛的意愿，选择家岛作为毕业设计研究地点的学生逐渐增加。迄今已有15名学生以家岛为主题撰写论文或制作作品。

给人感觉如在家般亲切的岛。希望通过与岛内居民交流，成为令人挂念并还想再次造访的岛。

之后，许多参加者在经历就业或结婚等人生大事时也会造访家岛，向岛内居民问候或闲话家常。例如，曾经是岛屿探索项目的参加者后来任职于国土交通部，被偶然分配到离岛振兴科的寺内雅晃先生（也曾参加过生活工作室）会因为工作关系而造访家岛。

《家岛社区营造读本》——制订综合振兴计划

2004 年，当我们在前述的"社区营造研修会"上制作各个自治会的导游手册时，家岛町企划财政科问我们能不能让岛内居民参与到制订综合振兴计划中来，他们希望我们可以和参加研修会的 40 位居民及其他 60 位居民（共计 100 人）一起制订新的综合振兴计划。

于是，以参加研修会或出席论坛的人员为中心公开招募了 100 位居民，参加者分成小组讨论综合振兴计划的内容，考虑以研习会的形式交流对话，以居民提议的社区营造活动为基础来制订综合振兴计划。可是，由于家岛町已和姬路市合并，计划制订在第 2 年被中止，因为合并之后家岛町就没必要制订单独的综合振兴计划了。然而，也有人提出即使已被划进姬路市，家岛地区依旧是社区营造的先进地区，总结岛内居民的提案，当作今后社区营造的方向不也挺好吗？于是我们将研习会上的提案内容收集好后编辑成《家岛社区营造读本》，此读本将提案内容按照实施人数来分类，目录为"1 个人能做到的事""10 个

人能做到的事""100 个人能做到的事""1 000 个人能做到的事"，
目的在于呈现社区营造中自助、共助、公助之间的关系。自己
能做到的事就自己做，有些事需要有人相助就去召集伙伴，若
光靠自己人实在做不成就要借助行政的力量。为了阐明上述事
情之间的关系，所以按照人数来划分目录。该读本印制了 3 500
份，在闭町仪式上分发给岛内各家各户。

社区营造基金

　　在合并之前，企划财政科与我们进行了一次洽谈。家岛町
现在拥有可自由支配的经费 3 亿日元，其中 1 亿为捐赠所得，

岛内居民参与制订的综合振
兴计划《家岛社区营造读本》。

其余 2 亿是合并特例债（日本市町村数量过多，大部分市町村规模过小，由此带来行政效率低下、公共设施重复建设等一系列问题。日本为促进市町村合并，对提出合并申请的市町村发放相关费用补助金，制订了《合并特例债法》，明确规定：合并后形成的新市町村的建设费用可由地方债填充；在普通交付税等方面享受优惠政策）。他们希望在合并之前将此经费用于家岛町居民，而能快速用掉这笔经费，除了建造文化设施是不是没有其他方法了？诚然，对从事设计的我来说，在家岛设计新设施是一项充满魅力的工作，事成之后也许我还能作为建筑师出道呢。但另一方面，我也深知公共建筑的弊端，尤其是在这种情况下造出来的公共建筑不可能得到良好运营。于是我抵制住作为建筑师出名的诱惑，提出在合并之前设立"社区营造基金"的方案。

如果有 3 亿日元，每年花掉 1 000 万日元也能持续使用 30 年：假如每年每个团体能获得的社区营造资助金上限是 100 万日元，每年限定拨给 10 个团体资助金，这样每年花费 1 000 万日元。30 年间，若支持家岛地区的社区营造活动，即使已隶属于姬路市，家岛地区也能成为多种社区营造活动出类拔萃的场所吧。只要获得主管政府兵库县批准，作为公益信托将 3 亿日元存在银行，即使合并，姬路市也无法插手这笔用于家岛地区社区营造的资金。所以我的提案是设立选定委员会，商讨是否拨资助金给递交申请的社团，支持家岛地区社区营造活动才是 3 亿日元的有效使用途径。

10 个人能做到的事

停止"以前比较好"的话题

类似"以前比较好"的话语

"最近的年轻人啊……"
"老子年轻的时候……"
"不该这样做啊……"

　　饭桌酒席上总在说类似"以前比较好"的话，想着"时代要是能回到过去就好了"，总是发泄不满。

　　吃饭或喝醉时，若能常谈"今后要如何快乐地生活"之类的话题，人会变得更开心吧。

　　何不试一下停止"以前比较好"的话题，换成"下次我想做这个""一起去做吧"这样的话题。

　　多聊一些有建设性的话题会成为家岛未来走向积极发展的契机。

现在就开始做吧!

在同窗会。
在赏花时。
在忘年会。
在新年会。

大家聚在一起开新年会

10 个人能做到的事。停止"以前比较好"的话题。选自《家岛社区营造读本》。

企划财政科迅速行动，立即与兵库县政府商谈，将 3 亿日元作为信托存入银行，确保这 3 亿日元只作为选定委员会认定的社区营造活动团体的资助金，姬路市无权干预。选定委员会由 10 位委员构成，包括各自治会的会长、町议会议员、町长等，作为发起者的我也被选为委员。另外，自 Studio:L 时期就参与家岛项目的大阪产业大学的檀上祐树也成为委员。从 2006 年开始的资助制度，到现在已有许多团体获得资助并开展了多项活动。

NPO 法人设立及特产开发

自 2002 年开始实施"社区营造研修会"时，就有一批阿姨一直参与活动。她们本人似乎不觉得自己已经到了被称作"阿姨"

使用了资助金并由居民提议的"海之家建设项目"，studio-L 也参与其中。当时，与关西的大学生及岛上渔夫合作建设海之家。

设立"家岛"NPO 法人的岛上阿姨们。

的年纪，这群阿姨像有孙子出生一样开心地组成了社团，在社区营造研修会以后，陆续致力于岛屿探索、岛屿明信片、制订综合振兴计划等项目。她们有别于自治会或妇女会，是个主题型社团。2006年，她们对我说想取得NPO法人认证。过去她们常常和我聊NPO法人是什么、成为NPO法人后的优点，我也尽心尽力地回答。重要的是，作为NPO法人从studio-L中独立出去，可以获得资金支持，从而持续进行社区营造活动。

于是，我立即着手，同阿姨们一起完成法人设立须递交的文件，数月后，NPO法人"家岛"诞生了。该NPO法人致力于两件事，一是把家岛出产的鱼贝类开发成土特产进行销售，二是用出售土特产赚到的利润开展社区营造活动。在土特产开

"家岛"NPO法人开发的家岛寿司"亚里莎和阿姨"。包装纸被设计成可以边吃边读的报纸样式，上面记载着西上亚里莎投飞镖选中家岛的趣事。

发方面，以适当的价格收购丰收时较便宜的或规格不符合正常
标准的鱼类，通过加工给予其附加值后销售，在振兴岛内水产
业的同时通过销售土特产来扩大家岛的知名度。在社区营造活
动方面，重新印发由于市町合并而停刊的《家岛情报》，将岛内
新闻分享给大家，开办福利计程车以方便岛内行动困难者生活。

从 2008 年开始，参加由国土交通部主办的介绍离岛的活动
"i-lander"，"家岛"NPO 法人在东京介绍了家岛地区的魅力。通
过分发岛屿探索的册子，销售土特产，现场向东京居民及来自
全国离岛的参展人员传达家岛的魅力。

自 2009 年起，"家岛"NPO 法人开始与千里新城镇、多摩
新城镇等大规模新城镇的居民们进行交流。在邀请新城镇的居
民来家岛团购土特产的同时，通过博客或推特（Twitter）传播
地区新闻，招呼客人来家岛并举办生产地见学会等活动，希望
人们在全面了解土特产的生产者、生产原料及生产地后，变成

在国土交通部主办的活动
上展示家岛。

87

由阿姨们发起的土特产"海苔子"的开发及包装设计。即兴设计的包装也显得很温馨（右下图）。之后设计者送给我们许多精益求精的包装方案，真的很感谢他们。（左下图。设计：大黑大悟）

"海苔子"海报。

家岛粉丝。

另外，大家也在致力于开发能传达地区魅力的包装设计。除了在包装上记载商品信息，我们也在摸索如何将生产加工者的想法、家岛的生活文化及土特产背后的故事等信息设计在包装上。基本上是由 studio-L 负责包装设计，但也会邀请平面设计会来岛上做客，一起寻找包装设计的灵感。

旅店项目（Guest House Project）

"家岛" NPO 法人从 2008 年开始实施将空房子改造成旅店的项目。与日本全国的离岛一样，家岛上的空房子数量亦在逐年增加。但是，没几个房主会把房子租出去，这种情况一般有 5 个原因：一是"因为亲人要回家过盂兰盆节或新年，所以即使对老夫妇来说房子过大也不想租给外人"；二是"因为供有佛坛所以坚决不能租给外人"；三是"房内杂物堆积无法移动，因此不能租给别人"；四是"万一租客给邻里带来麻烦自己还得负责，不喜欢这样的情况发生"；五是"不想被别人认为那户人家居然落魄到要靠出租自己的房子才能维生的程度"。

于是，我们开始探讨如何将家岛上的空房子转化成旅馆的道具，即把供有佛坛或堆放杂物等不能进入的房间隔离出来，这样就能将房东不愿让别人进来的房间保持原样，在其他空间里运营旅馆。道具是按照日式房间隔断的样式做的，如果房东想回家，就能迅速把道具折叠好带走，拿到其他空房子里继续开设旅馆。

旅馆招待的主要对象是外国人。因为家岛地区的民宿已习惯招揽国内游客，为了不给民宿造成竞争困扰，所以我们用同样的礼遇把外国游客招揽到旅馆里。这些从未踏足过家岛的游客群，若能让他们爱上家岛，下回再来时就请他们预约民宿。这样做的话，民宿从业者也会支持旅馆项目吧。

姬路城已被评为世界文化遗产，大多数外国人会从京都前往姬路市，却只待数小时就奔往广岛。外国人很少在姬路市留宿，仅仅是将其作为一个中转站。我们希望来姬路市的外国人能顺便坐船上家岛看看，在那里度过一段悠闲的时光，这便是我们在旅馆项目上提出的观光诉求。

2009 年，开办旅店礼宾员的培训讲座。"家岛"NPO 法人在开展招待客人的方法讲解、家岛地区魅力向导、去京都视察旅店等活动后，实际上还邀请了外国人来空房子里进行试验性旅店经营。11 个受训者中有 1 人住在家岛运营旅店项目，现在，这位礼宾员正与"家岛"NPO 法人合作推进项目。

用从渔夫那里借来的大渔旗做成房间隔断，实施旅馆项目。接下来还会继续探讨房间隔断的道具选择。

花 5 年时间培养出自立的社团，期间我们逐渐退出

我们在家岛地区体验的活动十分多元，如运营社区营造研修会、为深入了解地区而开展的户外调查、以外部视角发掘地区魅力的岛屿探索活动、居民参与的综合计划制订、社区营造基金设立、土特产开发及地区的公益事业、活用空房子招揽外国人上岛游玩的旅店项目、观光礼宾员培训等，通过上述项目的层层推进使本地居民有组织化。我们向他们传授凭借自己的力量运营项目的诀窍，探讨如何生财有道，确立与其他地区的

徐徐推进观光城市建设自有其深远意义所在。

合作体制。长久积累下来，在培养出能自立的社团后，这个社团也可以继承我们的工作并发扬光大。我感觉这个过程需要5年的时间，在这5年里我们会逐渐退出。

在家岛地区的现状下，社区营造活动自不必说，还存在另一个急需解决的大课题，即在主干产业衰退的过程中如何催生新产业。迅速崛起的地区产业会因某个契机而急剧衰退。据说当主干产业从渔业转为采石业时，家岛曾兴盛一时。当然，采石业一旦进入低迷，家岛也跟着变得不景气。当观光业接替采石业时，我们必须切记不能重蹈覆辙。家岛变成旅游胜地，一时间许多人蜂拥而至，或许只是暂时的繁华，数年后还是会面临相同的课题。我们必须脚踏实地逐步建设观光点、培养观光向导、使居民理解款待客人的心情。这期间，若来访者渐渐变多，也无须匆忙制订对策，更没必要借钱投资设备或雇佣人手。徐徐推进观光城市建设自有其深远意义所在。不可操之过急，要留给居民一段缓冲期，允许其不断犯错并改正，逐步找回自己的主体性。社区设计的关键便是"慢工出细活"。

2. 1 个人、10 个人、100 个人、1000 个人能做到的事

——海士町综合振兴规划（岛根，2007~）

让市民参与综合规划制订，培养社区营造的中坚力量

在日本无论去哪个公务所，都会注意到里面摆放的册子（综合规划读本）。综合规划即本行政单位的最高指导原则，囊括了市町村在今后 10 年里实施的各项政策。收录了教育、社会福利、产业、环境、建设、财政等行政方面的 10 年规划。

不久之前，由于法律规定写入读本中的项目具有法律效力，因此，各市町村的行政部门必须在办公室书架上放置几本。(1999年修正地方自治法后，除基本构架外其余内容可自行决定)

虽然办公室都有读本，但除非特殊需要，各科职员一般不会去翻阅。多数情况下，这种综合规划是委托外部专家团队制订的，本地区的行政人员或居民并不参与其中。因为全国的市町村必须采用统一格式制订规划，故只好委托专业的团队来制

通过与居民一起制订综合规划，重要的是培养社区营造的中坚力量。

订符合要求的读本。所以各科职员几乎不了解规划内容。大部分居民甚至不知道规划的存在。规划内容与其他自治体大同小异，喊的口号通常是"打造富饶温情的城镇"。

又到了十年一度的委托专家团队修订综合规划的时候，岛根县的离岛海士町的町长山内道雄认为，若修订的规划与其他市町村毫无二致，简直是在浪费时间。难得制订一次综合规划，不就是应该让居民和行政人员都参与进来，大家一起谋划城镇的未来吗？听到这番话的一桥大学的关满博先生将我们在家岛地区实施的项目介绍给了海士町的町长。

于是我们被町长邀请到了他的办公室，展开了"通过与居民一起制订综合规划，培养社区营造的中坚力量"的话题。实际上，我们在家岛地区与居民一起制订综合规划的 2 年里，积累了各种培养活动团体的经验。遗憾的是，在家岛町与姬路市合并后，综合规划就没必要制订了。但我们把其中的精华整理成《家岛社区营造读本》分发给家岛上的每家每户，结果，曾经培养的活动团体至今仍是家岛地区社区营造的中坚力量。其中 NPO 法人"家岛"的阿姨们开展的活动格外引人注目。除此之外，还诞生了设立海之家管理海滩的团体及协助观光协会摸索新型旅行方式的团体。我认为，制订综合规划固然重要，但更关键的是在制订过程中，把参与的居民分成小组，按照每个小组提出的公共事业建设意见分门别类开始实施。

町长与我想法一致。迄今为止海士町已率先实行了多个事业项目，岛上的2400位居民中有250多个移居者（从大城市移居到乡村工作生活的人）及许多从外地返乡者（从大城市回流至出生地所在乡村工作定居的人）。海士町的社区营造乍一看很成功，但其实也有几个课题有待解决。其中之一便是返乡者、移居者与本地久居者之间缺乏互动。移居者虽想与本地久居者交流，但缺乏机会。本地久居者由于不了解从外地搬来的移居者是什么样的人，所以始终保持观望的态度。返乡者保持中立，并不亲近任何一方。长此以往，大多数情况下3个群体只在自己的小圈子里交流。

若能让居民参与制订综合规划，可将返乡者、移居者与本地久居者编成混合小组。在适当时机进行破冰游戏、团队建设、团队一体化等团体游戏，花2年时间探讨规划，之后自己去推进所提议的项目。在这个过程里，3种居民之间的差异也许会逐

岛根县的离岛海士町。拥有人口2400名，包括本地久居者、从外地返乡者及250名移居者。

98

渐消除，各自按小组去推进项目。我们的目标不只是让市民参与制订综合规划，还希望培养出能成为社区营造中坚力量的团队，借以打破 3 种居民之间的壁垒。

团队建设与规划制订

在开展居民参与型的规划制订时，老规矩首先是要倾听居民的心声。我们想知道这个岛上住着什么样的人以及他们的想法。同时，也希望与这些人混熟后能邀请他们出席规划制订研习会。

在了解居民想法方面，我们获得了 3 类居民共计 65 人的帮助，他们分别是企业上班族、从事自治会活动的人及以居民身份参与活动的人。当然这其中返乡者、移居者与本地久居者的人数大致相同。

同时，我们在町公务所举办了研习会。由于要以不同于往常的程序来制订综合规划，所以很多场合里我们需要公务所职员的协助。约 100 名职员（几乎是公务所全员）参与了研习会，他们对规划项目的推进提出了各种意见。

约 50 位居民参加了综合规划制订的研习会。我们调查了参加者的兴趣所在，并将其归纳成 4 点，即"人""生活""环境""产业"。这几个词写起来简单，其实要把主题分成 4 类是个浩大工程。一边在每个人讲的话里提炼出 4 个关键词，另一边运用 KJ 法（译注：在收集到某一特定主题的大量事实、意见或构思语言资料后，根据它们相互间的关系综合分类的一种方法）导出语言里共通的主题，在斟酌考量讲话人的性别、年龄、居住情况（是否为返乡者、移居者等）等因素的同时，不断从中整理出关键词。感觉就像在解一道复杂的谜题。当最终提取出的关键词足以构成均衡的团队时，我们再向居民解释关键词并让他们自行分组，正好每组 13 人，这绝非偶然。

　　每个团队皆有老有少、有男有女，有移居者、返乡者，也有本地久居者，且人数相同。这表示 4 个团队处于同一起跑线上。

约 100 名职员（几乎是公务所全员）参与了研习会。

此后，我们让每个团队都开展破冰游戏或团队建设，在确定各队的队长后进行团队一体化游戏，以此来明确每队的职责分工。每个人都是按照自己感兴趣的主题进行分组的，故有许多想提的意见。为了在组内就能汇总意见并归纳出具体计划，队员们必须掌握一些技术。我们不厌其烦地向各个团队传授促进自行推进研习会的引导技术，例如头脑风暴或 KJ 法之类的会议交流技巧，世界咖啡屋（译注：一种会议推进的方法，把会议桌当成咖啡屋里人数少的小桌子，并设置不同主题，在轻松的氛围下成员们轮流主持并讨论各

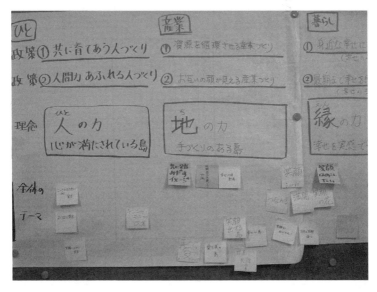

居民的兴趣分为"人""生活""环境""产业"4 个主题。

个主题）之类的开放空间技术。前3次的研习会由我们主导，此后便交由各个团队自行运营，他们已经举办过数次非正式聚会。由于聚会内容会记录在议事录里并经常与大家分享，所以各团队能互相留意彼此的进度，同时检讨自己的推进方向。各个团队在举办数次非正式聚会后，干脆决定住在海士町的旅馆里开展三天两夜的集训，大家从清晨讨论到深夜，甚至在吃饭泡澡时都不停止，不断精练提案的内容。

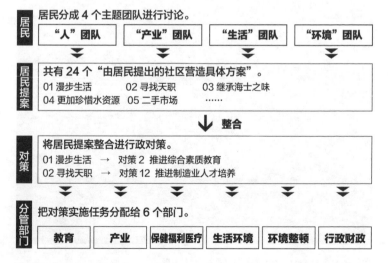

海士町综合振兴规划（本编）的构成。

设计规划书

我们把居民沥尽心血做出的提案提交给相关行政部门的负责人，由他们进行进一步研讨，最终制订出以居民提案中的政策或公共事业建议为基础的综合规划。综合规划全本的结构分为"人""生活""环境""产业"等 4 个主题。但是，这种划分方式不容易理解到底是哪个行政部门负责哪项工作，所以下一页会记录该项工作分配给各行政部门的情况。这样居民就能清楚了解自己所推进的项目应和哪个部门协作。

此外，几乎每一项工作的页面都会有"参见别册"的标志。综合规划附有别册的情况并不多见，海士町将居民提案里的项

海士町综合振兴规划（本编）《岛的幸福论》。

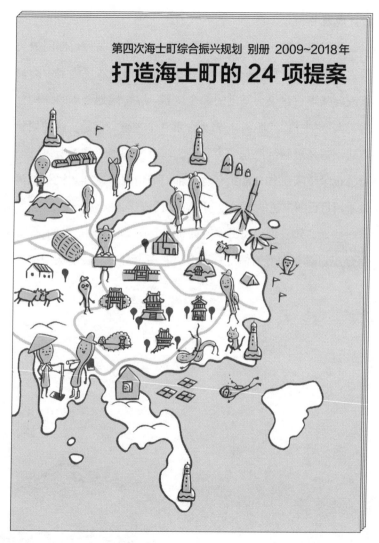

别册《打造海士町的 24 项提案》。

目整理成别册，并标示出与本编里哪一页工作有相关联之处。别册里记录的由居民提案的项目有 24 类。每个项目都附有提案者的饭勺卡通形象（海士町有拿着饭勺跳舞的民谣《キンニャモニャ》）。把画有酷似自己脸的饭勺卡通形象向朋友展示，没准还能增加自己团队的成员，也有人会觉得"都把我的脸印上去了，这个项目不做好不行啊"。

　　每个团队提案的项目按执行人数来分类。1 个人能做到的事最好从明天就开始行动，10 个人能做到的事最好以团队的形式开展行动，100 个或 1000 个人能做到的事必须同行政部门合作推进。不必凡事都依靠行政部门，自己能做到的事自己做，只有实在做不到的时候再寻求行政部门协助。在设计别册时我们希望突出这种态度，所以按照执行人数来划分章节。

　　插图中卡通形象的脸，尽管不像照片那样一看到就知道是谁，但作为原型的居民本人看到则会生出不好好实施项目会很丢人的想法，我们要的就是这种效果。在设计别册时，因为考虑到有的居民参加了研习会，有的则未参加，故多处设计上需考虑对两者起作用之间的平衡。如何设计才能使未参加研习会的人产生兴趣并产生拿一本看看的想法呢？让人读后就萌生参加研习会想法的设计是什么呢？或者说，什么样的设计能促使参与者自发实施项目呢？我们在思考上述疑问的同时，多次探讨了别册的设计方案。

07 从爱好中扩展交际圈，
让我们相约海士人宿吧。

　　海士人宿在大约 50 年前就在海士町出现了，类似于年轻人聚会的场所。人们相聚在此畅谈海士町的明天。现在的海士町，返乡者、移居者相继定居于此，然而脸熟却从没说过话的人逐渐增多。原因之一，便是缺乏可以让人们随意闲聊、谈天说地的场所。

参考文献
Common café——打造人际交流空间的方法，山纳洋著，西日本出版社

10 个人能做到的事最好以团队的形式开展行动。不必凡事都依靠行政部门，自己能做到的事就自己做吧。卡通形象的脸酷似该项目提案人。

因此，我想打造现代版的海士人宿。场地就选在岛内不再使用的托儿所等闲置设施内。主题是"爱好"。在空旷的场地内，充分利用自己的爱好增加与岛内其他人交流的机会。例如，足球爱好者可以聚集于此计划足球观战会；擅长手工艺的人可以在此开办手工作坊或手艺课堂；厨艺精湛的人可以在此经营一日限定的咖啡屋……不必增加预算去建设新设施，只要拥有一技之长，不管男老少，谁都能愉快交流的空间便是海士人宿。

首先，我们需要准备每个人都能使用的影印机等道具或设备。因为有了这样的场地，便可邂逅很多朋友，在海士町的生活也会充满乐趣吧。"我想做这个""我想做那个"，抱着这些想法一起去打造海士人宿吧。

参考文献
东町街角广场（大阪府千里新城）
Common café（大阪府北区中崎町）

1 个人能做到的事

10 个人能做到的事

100 个人能做到的事

1000 个人能做到的事

行政部门与居民联合行动

综合规划必须经过议会审议。议员们非常清楚这是由居民参与制订的规划。也是出于这个原因，议会反响良好。参与综合规划制订的居民来自町内的 14 个村落，他们各自围绕自己的村落向议员说明规划的内容。同时，各团队就即将实施的项目向议员发出合作呼吁。当然，村民并未对町政府进行批判、提出要求或陈情，而是确保政府能为自己的项目提供各种协助。据说出席会议的町长及副町长对此大为吃惊。

公务所内设置了新的行政部门"地域共育课"，在推进基于综合振兴规划的各项事业方面建立了与居民联合行动的体制。"孩子会议"指的是小学生在熟读完综合规划别册全本后，向町长发出疑问。于是，孩子们询问町长是否全力支持别册里提案的项目。

各团队也开始展开活动。"人"团队正在推进自己提案的"海士人宿项目"，通过改造闲置的托儿所，为返乡者、移居者与本地久居者提供聚会交流的场所。有位出生于海士町，在东京及意大利进修过厨艺的女性，现在返乡定居。她想开办意大利餐厅，于是首先选择在海士人宿经营一日限定餐厅。本地的年轻人汇集过来，听乐队演奏音乐，还能品尝到用本地食材制作的意大利料理。村里的老人也会光顾餐厅。"产业"团队为整顿岛内逐渐扩大的竹林，砍伐毛竹制作竹炭，开启"镇竹林项目"。不只是竹炭，他们还开发各类竹制品，并随时向公众发布活动内容。"生活"团队实施了邀请高龄者等参加活动的"邀请者项目"，2010 年社会福祉协议会还举办过"邀请者讲座"，经常与高龄者接触的人们如民生委员会、食物配送服务等相关团体踊跃参加讲座。会上强调，海士町今后会逐渐增加邀请者数量。为实施"珍惜水资源项目"，"环境"团队邀请专家及中学生一起对岛内的地表水水质进行检查。此外,还全程协助召开了 2009 年的"全国名水峰会"。

　　之后，打破了 4 个主题团队的限制，不断诞生出新的团队。例如，以参与"环境"团队的人们为中心，召集了一些从未参加过规划制订的新伙伴,成立了物品交换社团"惜物市场"。"人"团队在推进"海士人宿"项目过程中不断有年轻朋友加入。据说返乡者在尝试经营过几次一日限定餐厅后，最终在海士町内置办店铺，开始了正式的餐厅营业。

切实感受社团的力量

　　据说，在"人"团队刚开启海士人宿活动时，一位担任团队核心成员的年轻女性被确诊癌症。幸好发现得早，但由于抗癌药物等的影响，她的心情一直很低落。"不过，正因为参与了'人'团队推进的项目，我拥有了一起奋斗的伙伴，把自己全身心投入到项目里，心情倒是变好了。"她如此说道。

　　据说一位参与"环境"团队水资源调查的男性，越深入调查海士町的环境，越明白资源循环型社会的重要性。他说道："特别是被团队内的移居者认真调查到的信息所影响，我也开始对环境展开诸多调查。越调查我越对自己所从事的建筑业产生疑问，比如是否有必要用水泥加固海岸线。"那时，由于公建项目锐减，该男性所在的建筑公司破产。但他却出人意料地乐观，"多亏公司破产我才能下定决心转行，我马上就与3个朋友合伙开了新公司。"他深刻理解了从以破坏环境为生存代价的社会转变为可持续发展的社会的意义，还把新公司命名为"转机（transit）"。

令人愉快的项目和值得信赖的伙伴。

许多人赞同他的新公司。他笑着说道："公司经营方面仍然很严峻，但工作时我的心情很好。"

我们很高兴能完成综合规划，但更欣慰的是培养出了 4 个优质的社团，并构筑了良好的人际关系网络。每个社团都在愉快地开展活动。所以，人们也会自然地聚集过来吧。现在，参加一个团队项目的人数是初成立时的 2 倍。在执行项目时居民们乐在其中，并把形成的公益价值返回给其他居民。各团队积极实施活动，虽然发挥了"新公共服务"的作用，但居民本人充满热忱在很大程度上是因为与值得信赖的伙伴一起参与有趣的活动吧。

话虽如此，并非所有人都能直接参与项目。在岛内的 14 个村落里，依然有人连到镇上购物都很困难。从 2010 年开始，推行了"村落支援员"及"地域振兴协力队"制度，致力于改善村民的日常生活。首先必须开办培训讲座，教授在支援村落方面必要的知识和技术，我希望受训者在进入村落开展支援实践的同时，能与其他支援员同伴分享其在负责村落发掘的课题，并商讨解决对策。

另外，为了避免年轻人流出岛外，或者索性是为了吸引岛外的年轻人来海士町，我们探讨设计能传播岛内高校魅力的海报及网页。令人欣喜的是，2010 年度的入学申请人数明显增多。

在其他方面，我们探讨了岛上福祉设施的建设内容及产品、

为改善岛内 14 个村落
的生活，能做的事情
还有很多。

流通等情况，并提高了工人的薪资。为提升海士町整体的社区设计水平，我们还检讨了企业形象识别系统（CIS）。在人口出生率下降的背景下，最近我们也致力于创造男女之间的邂逅机会。虽然我们的工作确实是建立人与人之间的情感联系，但是一路走来我也开始对自己的身份产生疑惑了。

　　不过，我觉得那也不错。

3. 孩子引发大人的认真

——笠冈群岛儿童综合振兴规划（冈山，2009~）

通过初访了解当地概况

在制订海士町综合振兴规划时，第一步便是倾听当地居民的心声，因为倾听最能让我们了解岛的优势及待解决的课题。而且，如果能通过倾听拉近我们与居民之间的距离，也可以邀请他们参与为解决课题而设的研习会。在把握岛的优势及课题的同时，还能与当地居民建立信赖关系，故项目初始阶段的倾听是非常重要的。

所以在制订冈山县笠冈群岛综合振兴规划时，我们决定从倾听开始入手。笠冈群岛由 7 座有人岛组成，故轮流来 7 座岛倾听。通过轮流倾听，我们得知笠冈群岛是离本土较近的离岛，与其他离岛相比，岛上居民对未来的危机感没那么高。许多居民表示，即使对岛的将来抱有诸多不安，但忙于工作故很难抽出时间参与社区营造活动。另外，岛内人际关系方面，分为可以协助与不可以协助两类。

　　然而岛内人口持续减少，孩子数量亦逐年递减。目前，7 个分岛中、小学人数总共只有 60 人，有的岛只有 4 名小学生，有的岛只有 2 名中学生。很明显将来岛内人口会锐减。即使如此，大人们也不为所动。固然有的人有危机感，但也有明确不想协助的人存在。有的人讨厌与邻岛居民合作。多数人认为七岛联合推进项目是天方夜谭。

　　我们真的要和这样的大人一起制订综合振兴规划吗？假若完成了形式上的规划书，这些人愿意主动与政府合作实施自己提案的项目吗？有的人忙于工作抽不出时间参加研习会，有的人说什么也不会提供帮助，有的人跟邻岛居民有世仇……倾听民声的结果，就是大部分人不看好居民参与型的规划制订。所

笠冈群岛由高岛、白石岛、北木岛、大飞岛、小飞岛、真锅岛、六岛组成。

面积：约 15.36km^2
人口：2429 人
户数：1372 户
老龄化率：56.5%

笠冈群岛的位置。

以我们要发明一种与海士町情况不同的做法。

孩子与规划制订

　　如果大人只会罗列一大堆"不能做的理由"，那这次我们考虑和孩子们一起制订规划。离岛振兴规划为 10 年规划，我们必须一边描绘 10 年后岛的蓝图，一边制订措施。我们的提案构想，就是以孩子们的视野来制订规划，再由大人们去执行。

　　由于岛内没有高中，所以大部分初中毕业的孩子要出岛上学，高中 3 年、大学 4 年再加上工作 3 年，长达 10 年要在岛外

我们决定与孩子们一起制订计划。图为参加研习会的西上小姐与孩子们。

生活。期间，他们会趁着盂兰盆节及正月回岛。这样孩子们就能在 10 年内持续检查大人们是否认真执行了自己所提案的事业。要是大人们不认真执行或者毫不在意自己的提案，那孩子们可以团结一致，宣称："我们不回岛了！"如果没有一个孩子愿意回到岛上，岛内人口总有一天会变成零。如此一来大人们也会很困扰吧。何不开始认真思考岛的未来？何不现在开始行动呢？

于是，我们从 7 个岛召集了 13 个小学五年级以上的孩子并开展研习会。当然，因为都是孩子，所以不会说"不想协助邻岛"之类的话，也不存在不想交流的对象。我们与孩子们一起举行了 4 次研习会。大家组成一个团队做了几个游戏，同时我们向孩子们传达思考岛内将来的意义。而且，我们讨论岛的优势及课题，为深入了解岛屿，我们还开展户外调查，拍摄感兴趣的场所的照片，畅想 10 年后岛的理想状态。另外，我们还采访了岛内的大人，孩子们收集大人的话语，我们与孩子们一起调研全国范围内社区营造的案例，作为自己提案的参考。

笠冈群岛儿童离岛振兴规划

孩子们整理出来的提案十分多元，包括利用公民馆贩卖特产的社区商店、以垃圾回收为主的生态货币（译注：eco-money，将废旧报纸、饮料瓶等再生资源根据重量折算成生态货币，可用来兑换其他物品）体系、重新利用废弃的母校等。每个提案都是孩子们通过岛屿

笠冈的孩子们规划岛屿会议。

第1次：讨论岛的"魅力"及"烦恼"。

第2次：讨论10年后岛的未来。

第3次：参考其他地区的案例后，提炼出符合笠冈实际情况的构想。

第4次：将构想具体化。
每个岛一个方案，共6个
①垃圾是钱→飞岛
②圈子 M→真锅岛
③学校的各种用法→北木岛
④儿童夏令营→白石岛
⑤六岛限定周游→六岛
⑥享受无物的周游→高岛

第5次：向大人们提出构想。

户外调查或倾听当地居民心声，在思考岛屿生活或未来蓝图中得出的构想。我们将这些构想转化为行政用语，向孩子们确认过好几次提案内容，最终形成了《笠冈群岛儿童离岛振兴规划》。该规划作为制订笠冈市离岛振兴规划时的参考，在行政上确立了其地位。册子里设计了许多以孩子参与者的脸为原型的卡通人物。最后再加上研习会领导者（一位初三女生）的感言。如此形成的册子，在研习会结束后举办的发布会上，由孩子们亲手交到大人手里。

规划的副标题为"给 10 年后笠冈群岛的信"。第一页的文章以"拜启。给 10 年后生活在笠冈群岛上的你"作开头，以孩子们的语言来书写。随后，我们把孩子们眼中笠冈群岛的优势及课题及他们提出的"让笠冈群岛更美好的 6 个构想"置换为行政用语，就是"孩子们给笠冈综合振兴计划的提案"。

《笠冈群岛儿童离岛振兴规划》。

拜启
给 10 年后生活在笠冈群岛上的你

10 年后的笠冈群岛上，海与海滩是否依旧美丽？

10 年后，鱼群是否依旧悠游？

10 年后，游客是否依旧会来？

10 年后，祭典是否依旧传承？

10 年后，老人是否依旧微笑？

10 年后，夜空是否依旧寂静？

10 年后，母校是否依旧存在？

我们思考，如何行动才能使 10 年后的笠冈群岛依旧欢乐美丽。

为了 10 年后的我们愿意回归笠冈群岛而努力。

孩子们写给 10 年后长大的人们的信。（摘自《笠冈群岛儿童离岛振兴规划》）

未来 10 年，以及下一个 10 年

发布会上，集合了来自 7 个岛的共 70 多位大人。孩子们用舞台剧的形式演绎提案内容，最后把计划书亲手交到大人手里，并坚定地表示："要是不好好实行这份计划，我们真的不再回来了！"这算是对在场大人们的"善意威胁"吧。之后，大人们立即开展行动，毫不敷衍，迄今已实行了"废弃校园活用研习会"及"公民馆活用研习会"。

假如大人们不实行计划，孩子们就真的不打算回岛吗？我看未必。孩子们通过 4 次研习会已多次确认自己所在岛的美好。他们也从大人们的言语中发现了岛屿未来的问题。同时，我也对孩子们充满期待。孩子们升上高中就要出岛，之后要在外面生活很久，10 年后他们回到岛上，或许可以担任下一个 10 年计划的执行者吧。有初中生参与者这样说道："要是大人在这 10

孩子们用舞台剧的形式演绎"让笠冈群岛更美好的 6 个构想"，并把计划书亲手交到大人手里。

年间认真地执行我们的提案，我们也将继承这项事业，作为下一个 10 年计划的执行者。"

　　为了这些热爱岛屿的孩子们，希望大人们能竭尽全力去完成自己的职责，我也会尽我所能去帮助他们。

发布会上，集合了来自 7 个岛的共 70 多位大人。

第 4 章

情况还有好转的可能

1. 大坝建设与社区设计

——余野川大坝专项（大阪，2007~2009 年）

居民的愤怒

居民明显很愤怒，有的人甚至在怒吼。被怒吼的对象是国土交通省猪名川综合开发事务所的所长及一干职员，迄今为止负责余野川大坝建设的人。数周前，淀川流域委员会做出结论："余野川大坝建设项目当前不宜实施"，国土交通省采纳了这一建议，决定暂停大坝建设。在这个时代，暂停与中止没两样。暂停的理由是，在探讨大坝对防洪与蓄水两方面的作用后，认为未来对大坝的需求并不如预期。这个判断还算妥当。

但是当地居民并不愿意接受这个结果。大坝选址在农田、耕地、栗林、里山等所在地。为了大坝建设，居民才愿意把这片土地出让给国家。除了用地征收，把水引入大坝的导水隧道也即将竣工，大坝堤体亦高高耸立，只剩下把水引入了，却突然被通知暂停项目。当地居民当然不甘心，拿出自己耕作的农

余野川流域。

田及管理的里山，换来的究竟是什么?

令居民愤怒的理由还有一点。由于大坝建设会给当地造成巨大麻烦，故十几年前政府就同意实施 26 项公建项目，包括道路拓宽改造、在当地川流上架桥、翻新自治会馆、在国道沿线新建驿站等为了地区振兴而配套的公共设施。在项目依次实施的过程中，大坝建设突然被中途叫停，但还有十几个项目未完工。道路驿站建设未完工，两个自治会馆的翻新工程只完成了一半，其中一个焕然一新，另一个依旧破旧。居民主张，暂停大坝建设是国土交通省的问题，答应给当地建设的公共设施必须全部做好。

国土交通省对此很困扰。特别是作为实施机构的开发事务所给不出明确回答。既然大坝项目停止建设，项目及项目配套设施的建设资金也停止下拨。事态发展陷入僵局，尽管与当地约定好的项目有些尚未完工，所有项目还是全部停工了。虽然官方已解释了好几次个中缘由，居民仍然怒不可遏。居民自发组织了"道路驿站部门""桥部门""自治会馆部门"等，各部门的会长联合在一起，好几次向国土交通省的负责人施压，要求继续实施未完工的项目。当地的建设从业者们也希望继续实施项目，毕竟大坝及配套设施项目突然中止，许多人会"期待落空"吧。

坚持继续实施项目的居民与不断说明停建理由的国土交通

省人员意见不一,协调会一度陷入混乱。负责人望着失控的会场,低声对我说:"山崎先生,请一定要帮我想办法改善局面。"

贸然的假设

双方意见始终处于两条平行线,丝毫不见让步。我感觉无法令双方和平对话,必须思考其他对策。我仔细阅读会议的议事录,认真听取人们争执不下的内容,忽然一个想法浮出脑海。在这些反对者中,有多少人是真的坚信大坝建成后会给自己的家乡带来巨大利益的?或许有的人已经明确认识到这是时代的洪流无法改变,但碍于自己会长的身份而不得不向国土交通省的公职人员发难。若真有这种情况存在,局面尚且还能挽救。

当地的阿婆大妈们。

例如，有些人在协调会上对着公职人员破口大骂，回家后会被自己妻子说"大坝时代已经结束了，就算再怎么骂那些公务员也于事无补了吧"。或许他本人也会这样回答"我都知道，可是我是会长真没办法不去做"。建立起这种妄想般的假设后，我们要去寻找能搞好关系的对象，就是当地的阿婆大妈们。我们与她们相处融洽后，真情实感地与她们交流本地的魅力，检讨是否真有必要建大坝、拓宽道路及造桥，那么潜移默化中当地的男性也会逐渐认同"没大坝也行"这种思想吧。

结成学生团队

想与当地的阿婆大妈打成一片，必须要有"专家"从中牵线，那就是学生。如前文所述，兵库县家岛地区的社区营造项目就是依靠学生们深入当地与阿姨们搞好关系才得以进行下去的。"岛屿探索项目"正迎来举办的第3个年头。每年来自全国各地的大学生探访岛屿开展户外调查，在这个过程中与本地人打成一片。运用这种方法，组织学生对大坝周边地区展开户外调查，并逐渐与当地居民成为朋友。作为"岛屿探索"的续章，"乡村探索"拉开了帷幕。

不过，这次的任务障碍较多。有许多不可碰触的点，还必须在短时间内与当地的阿婆大妈们搞好关系。因此，我们在参加studio-L项目的学生中，选择了11位人际交流能力突出的学

肩负"乡村探索"任务的学生团队。

生结成团队。没有明确的理由解释为什么是与足球队的人数一样，但我明显感觉到这次的项目是团体战。我们向来自不同大学的学生讲解大坝项目及这次任务的详细事宜。通过户外调查发掘众多地区资源的同时，也要注重培养人力资源（尤其是当地的阿婆大妈们）并逐渐与她们打成一片。制造机会多与熟悉的阿婆大妈们见面，以此结识更多的阿婆大妈们。如此，扩大阿婆大妈们的关系网，与她们闲聊当地的优势及未来发展，找出契机引导她们思考是否真有必要建设大坝及其配套公共设施。接下来，邀请阿婆大妈的丈夫们加入闲聊，最终与当地居民建立良好关系。以上便是我们设定的目标。

面对这项与地区发展息息相关的课题，学生们的神情与在校园时判若两人，变得格外认真，看来他们瞬间理解了这次项目的重要性。11 位大学生召开了多次作战讨论会，探讨如何向居民传达有效利用大坝旧址的方法，如何让他们理解生物多样性的价值，如何向他们阐明地区活化的目的不在于赚钱，反复确定团队中每个人的分工，有人负责理论性解说，有人擅长绘制可爱的插画，碰上凶神恶煞的人谁负责哭出来。

学生团队获得满堂喝彩

首次进入当地开展户外调查当天，学生们应该相当紧张，可他们却拥有灿烂的笑容。他们在走访各地时，碰上居民便热情寒暄，发现本地的集会中心或 NPO 的活动场所便恳请志愿者倾听自己的诉求，遇上做农活的农夫也会请他们分一点农作物给自己。学生们受到了热情款待，有人邀请他们在自家庭院里喝咖啡吃点心，有人把柿子或自制的柚子酱当作土特产送给他们。学生们向居民传达自己发现到的地区魅力，也请居民告知自己更多的魅力场所，然后再去探寻该处。他们住在当地的旅馆里并持续开展户外调查，结交了许多好朋友。

学生们整理的册子《见闻》封面。

Q 建筑物

在止止吕美能看到许多建筑物。虽名不见经传，却能令人感受到美好的生活气息。

厉害！

山里残留的"刚毅铁"水库

铭刻岁月痕迹的佛坛

令人愉悦的林荫建筑

完美融入风景的小屋

方便排烟的双层屋顶

仿若生物的烧炭窑

虽非建筑……

摘自学生们根据发现的地区资源整理而成的《见闻》。

Q

台词

在走访大街小巷，探寻里山风景时，时常会发现一些标语。或许这些正是来自止止吕美的讯息吧。

不管谁看了都知道是挖芋头（いもほり）

"安全第一"倒过来是……

龙猫隔壁的"烤肉场"

什么？

桥的石碑被用作路石

让人忍不住回头看的大眼睛青蛙

非常怪异的"秘密桃子"标牌

也许有什么线索……

　　结束户外调查后，学生们将拍摄的照片及听到的话语整理成册，命名为《见闻：我们在止止吕美地区的所见所闻》，还绘制了能展示地区魅力的地图。接着，他们给结识到的朋友送报告会的邀请函，说道："我们要把自己发现的地区魅力向你们报告。请一定要携朋友来会场。"

　　阿婆大妈们带着自己的丈夫、孩子一起参加了报告会。其中还能看到几位部门会长的身影。学生们向大家分发连夜制作的册子与地图，公开发表自己通过户外调查发现的有趣事物及珍贵回忆。那些在村里司空见惯的事物，经过外来学生的整理及通俗易懂的解说，让参加报告会的人们开始重新感受到地区拥有的潜力。报告会终了，场内响起雷鸣般的掌声，有些学生在卸下紧张情绪后当场哭了出来。

报告会上集合了夫妻与孩子们。

运用社区设计调解纠纷

以报告会为契机，与当地居民关系更融洽的学生们，之后继续探访该地。正月里，居民邀请他们："我们在捣年糕，一起来玩哦。"春天到了，也会邀请学生们去赏花。正当学生团队与当地居民认真探讨地区未来发展之时，在此之前一直未露面的新势力——大阪府——却开始插手了。

大阪府原本计划在余野川大坝建成后，建设新城镇"水与绿的健康都市"，即在大坝竣工之日宣布成立新城镇。然而由于大坝项目的中止，"水与绿"中只剩下"绿"，大阪府立即将新城镇更名为"箕面森町"并宣布成立，为了不让新城镇被孤立，大阪府希望能与周边地区建立良好关系，可是周边居民并不买账，他们仍然因为大坝停工而怒不可遏。或许基于此，大阪府并不认为介入国土交通省与居民是良策。因此，尽管国土交通省多次呼吁大阪府出面，在纷争混乱的会议上依然见不到大阪府的身影。

大阪府联系上了与当地居民关系逐渐变好的我们。其实大坝项目中止也给大阪府造成了很大麻烦。可是，如今已成立新城镇，新居民也开始了新生活，大阪府希望新居民能与周边常年生活的原住民一起努力打造双赢局面。因此，大阪府希望与周边社区关系良好的 studio-L 能够架起新旧居民间沟通的桥梁。

那时，我们正好接受国土交通省的委托，探讨大坝项目计划用地的活用方法，与建设顾问一起制订计划用地的经营管理措施。我们的构想是，在计划用地上建造市民农场或娱乐设施，为新搬来新城镇的居民提供可当作自家庭院使用的场地，原住民则作为农业讲师提供指导。原本就是自家的土地，原住民肯定非常了解这些土地的特性。指导从都市搬来的新居民从事农业活动，也能增加原住民的收入。当然，若新旧居民能在这个场所内彼此相互了解就更好了。大坝计划用地应该永远都是计划用地吧？这些地既非公园也非农田，正因为如此才拥有公园或农田都不具备的可能性。把农田便宜租给新居民，讲师费从租金里出，增加新旧居民间交流的机会。将柴炉引进新城镇，作为燃料的柴火可从计划用地的里山中获取。我们将上述计划上报给了大阪府和国土交通省。

之后，我们与当地新诞生的 NPO 法人"止止吕美森林俱乐

新旧居民间的交流。

部"合作，在大坝计划用地内开垦再生农田，砍伐里山的树木做烧炭等试验。我们邀请新城镇的新居民参加在大坝计划用地内举办的活动，请原住民讲解农业知识，构建新旧居民与 NPO 间的协作体制。

重归于好

在国土交通省、原住民、大阪府、基础自治体箕面市、NPO 团体等之间的关系得到改善后，这些关系主体汇聚一堂开展研习会。之前意见立场有分歧的各主体集合在一起开了 3 次研讨会，相互协作探讨如何提升地区价值的措施。作为研习会引导者的我，好几次被各个主体积极主动提出自己力所能及的事的姿态所感动。

当双方意见激烈对立之时，介入调节关系的确非常困难。有时不应正面突破，而应另辟蹊径，耐心与其中一方打好关系后，再去缓和原本对峙双方的关系。以余野川大坝周边地区为例，先搁置围绕大坝建设的争议，由学生与本地的阿婆大妈们构成了新的社区关系，生成新的意见并逐渐推广。到最后，不但能与坚持续建大坝项目的人们拉近距离，也能促进他们与国土交通省或大阪府建立良好关系。

在这个过程中学生们相当活跃，他们拥有自己不曾察觉的强大力量，即始终保持中立。不关注大坝建设的利害关系，学生们直白地说出自己认为的真正有益的事，正是这种中立的立场才容易与本地人建立信赖关系。这样的中立与纯粹，或许会让本地人开始思考什么才是值得重视的事物。

我们的做法是按次序构筑人际关系，乍一看或许会让人感觉大费周折。但是，如果对方很难亲近，就必须花时间搞迂回战术。倾听当事人以外的意见，冷静判断后，有时也会找到下一步的方向进行。

那时，强烈主张续建大坝项目的人们，内心是否也认为"已经不是大坝时代"了呢？到最后我们仍不得而知。

重归于好的人们。

2. 高层住宅建设与社区设计

——住宅建设专项（2010 年）

艰难的研讨会

　　有一天，我收到邀请去参加在大楼开发公司的会议室中举办的研讨会。内容大致如下：他们要在某块用地上建造高层住宅，并希望拓展公共空间，建设让住宅及周边居民都能享受绿意盎然的公共庭院。但他们决定不只由专家设计，而是利用研讨会的形式听取附近居民的意见来进行设计。于是，对方想请我协助举办敲定庭院设计方案的研讨会。只不过，附近居民中有些人反对这次的高层住宅建设。负责人表示："在这种情况下开展研讨会很困难吧？"

　　在新建高层住宅的前提下，举行交流讨论其相关庭院设计方案的研讨会确实不容易。首先，现在还不能确定将来住进该高层住宅的是谁。即便举办研讨会，也只能邀请周边居民参加并听取他们的意见。可是，周边居民中有些人非常反对在家附近建设高层住宅。即使有的居民认可高层住宅建设，但只要附近居民中有反对者存在，其他居民也不可能欣然参加大楼开发公司主办的研讨会。这次的研讨会任务的确艰巨。

与反对派碰面

对于这项委托我的心情很复杂。一方面，大楼开发公司是根据程序建设高层住宅的，在制度上无可厚非。另一方面，我也理解持反对意见的居民的心情。本来美好的风景被新建的大楼挡住了，任谁也不会乐意。附近有些居民就是为了眺望远方风景才会选择在此买房安家，然而却被眼前立起的大楼挡住了视线，自然沉不住气了。不过，并非所有周边居民都反对，其中也有人同意建设大楼。大楼开发公司非常希望与周边居民对话，共同探讨设计方案，态度很真挚。我越了解越发现大楼开发公司与附近居民都有理。可当双方碰面时就会变得无理，可以说是不幸的相遇。

我本可以拒绝大楼开发公司的委托。即使我拒绝了，大楼建设依旧能推进下去，因为在制度程序上完全没问题。为何不去寻找周边居民与大楼开发公司双方都认可的方案呢？毕竟未来入住大楼的居民们也不想被当作不速之客而受到排挤。如果我的参与能让情况有所好转，即使被周边居民怒骂，我也觉得有必要制造对话场合。

在研讨会的说明会上，汇集了各类立场的人们，针对大楼建设有人反对有人认可。当然，我们也收到了诸多意见。我把自己的想法原原本本地传达给大家："即使大家反对，大楼也不会停建。既然无法阻止，我想应该在对大家有利的条件下进行施工。这个条件不仅能提升大楼魅力，也能给开发公司带来积极效果。为此我才主持这场说明会。"

在说明了这一点后，我仔细聆听了在场人们的发言，我们逐渐理出了几个值得讨论的主题。我们发现，那些聚集起来的反对者毫不在意大楼的颜色外形高度，对于建筑相关的话题说什么他们都反对，但对于有关共用庭院（公共空间）的话题他们却毫无怨言。我想，或许能以"共用庭院建在哪里好"为话题展开研讨会进行对话。因此，我呼吁："要不把讨论主题定为'提升大家生活品质的共用庭院设计'吧？若能建成为当地做出贡献的庭院，不仅能增加大楼价值，也会给将来入住大楼的新住户带来好处吧。"

数日后，周边居民回复同意参加研讨会，但声明"反对大楼建设的立场绝不改变"。

以共用庭院为主题的研讨会

共用庭院相关的研讨会，面向大楼周边居民一共开展了3次。第1次主要探讨周边地区的特色及待解决的问题。特色有绿地丰富、溪流交错、设施完备等。问题有通过的车流量大，缺少供老年人游憩的场所，以及最主要的"建设高楼大厦"问题。接着，我让大家讨论在发挥特色、解决问题的基础上，共用庭院建在何处比较好。结果是，人们希望这个场所绿意盎然、溪流交错，小孩、老人也都能尽情享受。

与居民一起思考的研讨会，重点是要按设计师的思考顺序来理清思路。在推进设计方案过程中，我们最先做的就是整理出包含周边区域在内的当地特色与问题，并在此基础上确定规划用地的设计方针。如果按这种顺序推进，居民们提的意见就不至于太荒唐。

第2次研讨会的主题是大家想在共用庭院内做什么。我准备了共用庭院的初步设计图，请大家提议想在何处、与谁、做什么事。另外，还请大家附上想在哪个季节、哪个时间段里做这些事。最终列举的活动有散步、慢跑、赏花、园艺活动、读书、儿童游戏、老年人健康养生等。

在进行有关空间设计的研讨会时，最好避免询问"什么样的空间比较好""你想要什么"之类的问题。因为这样问得到的回答都是举一些常见的空间印象，缺乏通用性，很快就落伍过时。空间设计还是应该由专家负责。重要的是，听取居民期望在这个空间里进行的活动项目，作为专家设计的主要依据。将居民列举的活动整理好后交给专家，专家便能把这些活动安排到设计美观的空间里。于是，我们将第 2 次研讨会得出的意见整合好后，亲手交给了景观设计师。

第 3 次研讨会，设计师发表了共用庭院的设计方案。在发表前，我整理了大家在第 1 次与第 2 次研讨会上提的意见，让在座的各位回忆一下迄今为止的经历，接着大家一边看根据意见整理出来的活动内容，一边听设计师讲共用庭院的设计方案。共用庭院建在绿意盎然的林荫空间里，小溪潺潺，并配套建设有广场、市民农场等空间，大家看到这个庭院正是自己理想中的样子，都欣喜万分。

空间设计与社区设计

空间设计非常重要。如果已在研讨会上收集好大家的意见，并且大楼开发公司与周边居民之间愿意沟通交流，但需要设计的空间方案却空洞无物，则会让参加者感到灰心丧气，期望落空，觉得大楼开发公司不把自己当回事。感到被背叛的人们肯定不愿意再与我们交流了吧。还好，这次的设计师做出了十分优秀的方案，不仅囊括了人们要求的所有活动项目，还设计了美轮美奂的景观。

一位参加研讨会的居民举起了手，他是附近低层住宅楼的住户。最初，他主张保留公用庭院南侧的常绿高大乔木，借此遮挡碍眼的大楼。他甚至提议在乔木下筑起围墙，绝对不能与新大楼往来。但现在他这样说道："如果能建成这么好的庭院，我们也想多加使用，例如做一些活动企划。因此，在南侧的围墙上设几个出入口比较好。"周边赞同的居民拍手叫好。大楼开发公司立即做出回应："我们会考虑筹措一笔资金，与周边居民一同开展活动。"

目前，大楼正在建设中。前几日，大楼负责人与我联系，我因此了解了之后发生的事情：一部分周边居民依然反对大楼建设。不过，据说他们的态度发生了相当大的转变。通过交流沟通，他们表达了自己的观点，并开始愿意倾听开发商的意见了。真是个令人振奋的好消息。共用庭院方面，与设计师不断协商，尽可能把研讨会的结果全部变成现实。当我对负责人说："竣工后的共用庭院，一定会成为新居民与周边居民共同享用的美丽空间。"负责人回答道："我们会加油的！"

但愿将来入住大楼的新住户，能收到来自附近居民的温暖问候。

第 5 章

在这无法用物质或金钱衡量价值的时代里，我们该追求什么

1. 使用者自行打造的公园

——泉佐野丘陵绿地（大阪，2007~）

用"正在使用的东西"来打造公园

在建设公园前，我们有幸参与到制订运营计划的过程中。我们决定采用市民参与型的方法设计人们想要的公园。这种设计顺序刷新了"使用方式"与"建设方式"之间的关系。例如，在完善公园入口附近设施设备的同时，公园内部景观交由居民亲自设计打造，或许能产生一座"边使用边打造的公园"。

参与制订运营计划的人由入选提案的单位决定。我们第一时间报名，递交的2个提案分别为市民参与型公园管理和边使用边打造的公园。最终，我们竞得泉佐野丘陵绿地运营计划的制订工作。

泉佐野丘陵绿地规划用地位于大阪府南部的府营公园，属于关西国际机场陆地区域的丘陵地带。这块地原本要开发成工业区，后来建设中止，关于旧址利用已有诸多探讨，最终决定建设成绿地作为府营公园的延伸部分。目前该公园规划用地还保持着里山的原本风貌。不过在长期的规划探讨中，并未对其进行管理，因此里山依旧处于荒废的状态。

在制订该公园的运营计划期间，我们并未像曾经的兵库县立有马富士公园那般操作，而是提议在将外面现有的社团吸引进园内开展各式各样的活动之前，先发展公园自己的社团，并把公园的一部分交给他们亲手打造。因为即使找到若干个现有的社团，也很难从中发掘出愿意亲手打造公园的社团。既然找不到现有的，那就只好组建新的社团。我们将这个社团命名为"公园巡察员（park ranger）"。公园巡察员需要深入公园规划用

泉佐野丘陵绿地的规划用地。

地中荒凉的里山中，把自己中意的场地改造成易于活动的空间，并在那里开展自己想做的活动。例如，想举办森林音乐会的人要自己动手布置场地，想成立昆虫观察会的人要自己伐木以便找到生物多样性丰富的枯枝落叶层，诸如此类。公园巡察员在进入公园规划用地活动时，公园入口附近也同时开始施工，根据通用化设计（Universal Design）的原则，建设成所有人都能享用的空间设施。如此，当公园入口处建设竣工时，作为活动核心的公园巡察员社团培养完成后，再像有马富士公园那般操作，邀请在公园周边活动的各类团体进入公园开展活动。大致顺序

大家一起打造公园吧！

如此①。

公园中诞生的新社团

公园巡察员需要深入荒凉的里山，建设园路、游乐场、剧场等基础设施。在此之前，他们有必要学习如何把荒芜的里山改造好。另外，他们需要进行适宜的团队建设，并要求具备企划制订能力（包括项目立项、准备、实施、总结反省等方面）。为了能让他们掌握以上技能，我们开展了公园巡察员培训讲座。讲座人数上限为 40 人，但由于报名人数众多，最后只好采用抽签的方式决定受训者。

第 1 场 对公园主题、理念形成共识！　第 2 场 探索公园！
第 3 场 大家一起养育森林！　第 4 场 大家一起调查森林！
第 5 场 大家一起养育花草！　第 6 场 来学习当地的景观、历史、文化！
第 7 场 向大家宣传活动！　第 8 场 学习循环环境！
第 9 场 学习计划活动的方法！　第 10 场 一起思考今后的活动方案吧①
第 11 场 一起思考今后的活动方案吧②　**公园巡察员培训讲座 结业式**

公园巡察员培训讲座（全 11 场）。

培训讲座共举办了 11 场，首先大家要对待建公园的主题、理念形成共识，去现场观摩学习，体验间伐等操作。其次，大家去调查里山，养育花草，学习当地的景观、历史、文化等相关知识。然后，大家需要掌握一些宣传自己活动方案的平面设计技巧、循环型环境的相关知识以及项目企划的制订方法。最后通过实际开展活动，总结经验，把反省要点反映到计划中，这个过程结束后讲座终了。受训者全 11 场讲座不得缺席，若不得不请假，则必须在下一场讲座结束后观看上次未参加的讲座的录像，作为补课。

自我组织化的公园巡察员

2009、2010 年度各有一批学员参加培训，最终各有 21 名、27 名学员参加结业式。这些学员成立了名为"公园俱乐部（park club）"的社团，明确各自的职责后开展活动。由于该社团要做的力气活多，如自己建造公园、组织令游客享乐的活动等，所以成员绝大多数是男性，尤其以退休的老干部居多，他们深入里山采伐林木、修筑园路，并且乐在其中。

此外，公园俱乐部每个月会举行一次例会，汇报活动情况，探讨今后的活动内容及俱乐部会则。公园俱乐部每个月组织 3 次现场活动，其余项目包括在公园规划用地上修筑园路、调查动植物、割草伐木、筹备活动等。

在公园规划用地上活动的公园巡察员。

公园俱乐部的人员结构一方面以公园巡察员为核心，从中选出管理能力突出的人作为俱乐部管理层，负责组织全体活动。另一方面，有些无法像公园巡察员一样频繁参与活动的成员，便以公园后援团的身份支援队友的活动，在活动举办期间积极参与并协力宣传，他们虽未受过培训，却也能轻松愉快地作为成员参加活动。

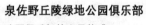

泉佐野丘陵绿地公园俱乐部
公园俱乐部的人员构成

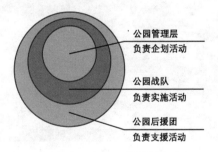

公园管理层
负责企划活动

公园战队
负责实施活动

公园后援团
负责支援活动

有独立运营的可能

2007 年，当我们开始探讨上述人事结构时，由于遇上大阪府行政长官变更，公园运营计划立项的预算批不下来，公园巡察员培训讲座面临无法实施的境地。于是我们收集了有关说明讲座的必要文件，大阪府的相关负责人带着资料四处奔走，帮我们找到了愿意支持培训活动的团体。由理索纳银行、YANMAR 株式会社、大林组（日本建筑商）等 54 家企业组成的名为"大轮会"的企业联盟，以 CSR（Corporate-Social-Responsibility，即企业社会责任）的名义协助泉佐野丘陵绿地的公园建设。于是我们获得了 10 年间高达 2 亿日元的活动经费，公园巡察员培训讲座持续开办 10 年或许可以实现。

　　公园俱乐部面向大轮会所属企业的员工举办了园内参观会。向他们讲解公园的特色，介绍平时的活动内容，并且让他们参与公园的建造工作，例如在水边提供吊床体验，或设置椅子、

企业支援
企业联盟"大轮会"提供的支援

> 泉佐野丘陵绿地的公园建设获得企业联盟的赞同。联盟由理索纳银行、YANMAR 株式会社、大林组等 54 家企业组成。

从 2008 年开始往后的 10 年间，共提供 2 亿日元的活动经费

　·举办公园战队培训讲座
　·志愿活动用的割草机
　·铲土机、运输工具、生态厕所
　·仓库、花卉种苗、育苗温室等

生态厕所　　　　铲土机　　　　　碎枝机　　　　　公园巡察员制服

企业联盟"大轮会"提供的支援活动。

桌子，此外，他们还给规划用地内的树木挂上树名牌，集合周边居民为其提供公园导游服务，解答参观者的疑问等。

一边充实软件，一边配备硬件

若能改变打造公共空间与使用该空间之间的相关性，则会出现不同于以往的空间打造方法。例如，将原本用作配备硬件的预算留下 2 成，其余 8 成作为充实软件设施的资金，即"边使用边建设"的方法。不采用过去的模式，即花费 10 亿日元建设公园，以后 10 年里每年花费 2 000 万日元作为管理费，而是保留 2 亿日元作为配备硬件的费用，10 年间每年花费 3 000 万日元作为管理费（包含协调员工资在内），算下来总费用能便宜不少。而且，参与公园运营的人数增加，社团诞生，便形成了迎接进园游客的主体。我想长此以往，管理费会下降，负责公园清扫及维持管理活动的主体亦应运而生。

与支援企业的员工一起推进公园建设。

在上述新型公共空间的打造或使用方法上，协调员的存在非常重要。在有马富士公园项目中担任重要职责的协调员，现在也在培养新的公园巡察员、管理公园俱乐部、打造公园等方面发挥着巨大作用。

景观设计不应只关注公园设计，若能在建设公园的同时培养出能担任运营主体的社团，那么公园的建设与运营会发生巨大变化吧。该社团不仅能建设公园，还能承担起管理公园的职责。

"行政参与"在公共事业上的重要性

相同的模式，我们考虑用在京都府立木津川右岸运动公园

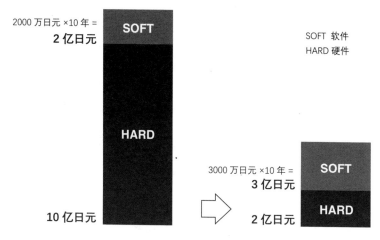

在公园资金投入上与以往大相径庭。

的运营计划上。该项目要对土石采掘场旧址进行绿化并改造成公园，但该地区的行政决策一再拖延，致使项目无法推进。

这30年来，我认为居民参与公共事业的方式已取得了巨大进展，但行政方面的态度却几乎没有改变。因此，既然要求居民参与到公共事业中来，就很有必要好好检讨行政参与的方式。

今后，我们应该转变公共事业全由政府负责的认识，在项目推进上尽可能促进居民与政府协作。那时，如果"行政参与"方式改革跟不上"居民参与"方式的变化，那么政府决策在所有项目上只能起到消极作用。自明治时期（1868~1912年）以来，日本一直延续着"官方指导民众"的思想，在居民参与的公共事业上，行政决策常常大幅滞后。这种滞后造成居民参与的项目停滞的例子不胜枚举，结果也降低了行政推行的效率。因此，为了支援决策，我们很有必要革新行政意识和开发相关的评价系统。

注：
① 在把工业区旧址改造成公园的工程中，我大学时期的恩师增田升老师全程参与。在我们探讨公园管理计划之际，增田老师在公园巡察员的组织化、硬件配备与软件运营之间的关联性等方面提出了许多宝贵意见。另外，在开园前的运营会议中，以增田老师为首的运营委员也为我们提供了有关项目推进的诸多建议，在此表示衷心的感谢。

2. 城镇里不可或缺的百货公司

——丸屋花园（鹿儿岛，2010~）

将商户、社团、顾客、城镇联系在一起的百货公司

2010 年 4 月，在鹿儿岛市的中心街区天文馆地区，一座名为"丸屋花园"的商业设施开张了。这座地上 9 层、地下 1 层的百货公司，进驻了服饰、彩妆、杂货、书籍、饮食等 80 余家商铺。每层都设置了名为"花园"的开放空间，提供 20 余种由社团举办的活动。活动实施方为当地的 NPO 或社团组织。在丸屋花园周边地区活跃的社团开展了诸如艺术作品展、摄影展、脱口秀、当地自产自销的烹饪教室、出售辍学少年种植的蔬菜、陶艺体验、社团影院、杂货制作、户外旅游介绍等各式各样的活动。

丸屋花园拥有 10 个集会空间，周边活跃的社团可在其中开展公益活动。商户也会与社团合作催生新的活动项目。这类活

动不同于广告公司推出的促销活动。多数情况下，实施活动的
社团与来店的顾客相识，且长期担任活动实施的主体。因此，
该空间并非只分成"店员"与"顾客"两种角色，而是"店员""市
民团体""社团熟人""顾客"等多种群体的集合。

2010 年 4 月，在鹿儿岛市新开张的百货公司"丸屋花园"里，每层都设置了供
社团活动的空间。

天文馆地区与丸屋的历史

　　天文馆地区位于鹿儿岛市的中心地段，是商店鳞次栉比的繁华街区。据说江户时代的岛津家族为观测天文，在此地修建了天文馆，此为地名由来。自明治时期（1868~1912 年）起这里就聚集了大量商铺，从大正时期（1912~1926 年）到昭和时期（1926~1989 年），已经发展成拥有 20 条商业街及百货公司、酒店、餐饮店等林立的场所。但情况在 2004 年发生了转折。那一年，九州新干线的终点站（鹿儿岛中央站）竣工，在其周边兴建了大型购物中心及酒店。此外，由于郊外型的大型购物中心建设及网络购物的普及，天文馆地区的人流量逐年递减。

　　丸屋见证了天文馆地区的历史。自明治时期起这里开始商铺云集，1892 年和服店"丸屋"开业，1936 年改名为"丸屋和

2009 年三越百货停业

2010 年丸屋花园开张

与天文馆地区历史密不可分的丸屋，变成当地必不可少的百货公司。

服店"，1961年转型为"丸屋百货"，1983年在三越百货的业务扶持下更名为"鹿儿岛三越"。但在2009年，三越百货决定关闭鹿儿岛店。当时，丸屋的第5任社长玉川惠女士才刚刚上任。

那时的玉川社长有几个选择。一是将这座10层大楼全部租给别的百货公司。可是在当时的形势下，其他百货公司也在退市，几乎找不到愿意租下一整栋楼开设新百货公司的从业者。还有一个选择就是把大楼和土地全部变卖。那样做的话，买下土地的企业家大概会拆掉大楼并在旧址上新建超高层公寓吧。玉川社长认为："丸屋从和服店起家，一直受天文馆地区的居民关照。天文馆地区位于鹿儿岛中心地段，万万不可缺少百货公司。我希望丸屋百货重新开业，以此回报大家的恩情。"若考虑时代背景，可以说玉川社长选择了最困难的道路。

玉川社长的选择

玉川社长在决定丸屋百货重新开业后，最初联络的是建筑集团"蜜柑组"的竹内昌义先生，委托他把三越使用过的旧大楼设计改造成新的百货公司。竹内先生把"D&DEPARTMENT PROJECT"选品店（译注：D&DEPARTMENT是日本一家以"永续设计"为开店理念的商店）负责人长冈贤明先生介绍给了玉川社长。我与长冈先生相识于《景观设计》杂志的对谈环节，并一同参与了后面会提到的"土祭"项目。开业4个月前，长冈先生受托担

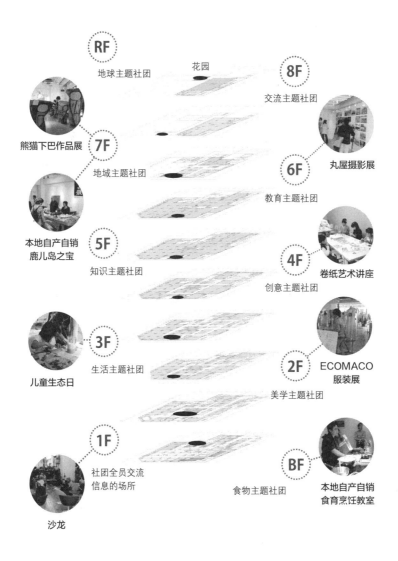

RF
地球主题社团
花园
8F
交流主题社团

熊猫下巴作品展
7F
地域主题社团

丸屋摄影展
6F
教育主题社团

本地自产自销
鹿儿岛之宝
5F
知识主题社团

卷纸艺术讲座
4F
创意主题社团

儿童生态日
3F
生活主题社团

ECOMACO
服装展
2F
美学主题社团

1F
社团全员交流
信息的场所

食物主题社团

本地自产自销
食育烹饪教室
BF

沙龙

根据各层的主题与商铺，决定"花园"的风格。本地各类社团都可充分使用"花园"。

任新百货公司的艺术总监，而我作为社区设计师也加入了这个项目团队。也就是在这时，新开业的百货公司定名为"丸屋花园"。

把百货公司变成市民可以自由活动的场所

以社区设计师的身份参与到项目中的我给出的最初提案是，虽然称作百货公司，但不应全是餐饮、物品买卖等商铺的罗列，还要为本地社团提供开展活动的场所。刚好百货公司丸屋花园的英文名是"maruya gardens"，为复数形式，社团可以自由活动的"花园"何不也设置多个呢。（这个提案的背景是，我从龙谷大学的阿部大辅教授口中了解了有关西班牙巴塞罗那旧街区的再生战略。在曾经是密集街区的巴塞罗那拉瓦勒地区设置数个广场，人们从大马路走进广场游玩，从而带动整个地区活跃起来。）

对服装不感兴趣的人几乎不会走进满是服装专柜的楼层。同样，对杂货不感兴趣的人也不会进入选品店楼层。可是，如果他们愿意去这些楼层逛逛或许会发现自己想要的东西，比方说送给别人的礼物。因此，我们需要为这样的人群创造一个契机，吸引他们走进看似与自己无关的楼层。我们把目光放在了本地各类社团组织的活动上。例如，专门介绍不在大型影城上映的小众优质电影的社团影院，与辍学少年一起种蔬菜的免费学校，推荐"户外旅行"的户外运动团体，使用本地产的蔬菜或鱼贝类开办烹饪教室的 NPO 团体等。各类社团每天轮流使用设置在

制作瓦楞纸房子的亲子活动。

各层的"花园"，基于一定规则开展各式各样的活动。或许，即使对服装不感兴趣的人去听在服装楼层的"花园"举办的"快乐生态生活"演讲的过程中，顺便也会逛逛服装专柜。

　　以往的百货公司通过不断提供优质的商品或服务，努力把一般顾客发展成老主顾。但是现在情况变了，许多人不愿去百货公司了，因为只要点击鼠标就能获得相应的商品与服务，以至于无论如何向他们宣传商品或服务的魅力都毫无意义，因为他们只需点击鼠标就能购买商品了。我们需要挖掘其他的魅力点来吸引他们踏进百货公司。如果喜欢网购的人对社团开展的各类活动中的某些内容感兴趣的话，那么也许会走进丸屋花园吧。因此，活动的多样性非常重要。当地社团组织的活动，只要成员们不感到厌倦，那么最好是多多益善，如此一来，就更有可能触发顾客的兴趣点，从而吸引他们进店逛逛。

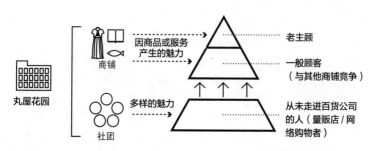

商铺的魅力与社团的魅力互相加成。

由社团引发的"去百货公司的理由"

每天有好几个社团轮流使用"花园"，故丸屋花园中必须设置协调社团出场顺序的人员。在专项开始实施前，从丸屋总公司调来了 2 名工作人员作为协调员参与策划，全程参与社团相关的准备工作。我们与协调员一同走访了鹿儿岛市内 50 多个活动团体，有 NPO 团体、同好会、俱乐部等，并邀请 40 个有意愿入驻丸屋花园组织活动的团体参加研讨会。

我们与这 40 个社团一共举办了 4 场研讨会。除了让各个社团互相了解彼此的活动内容，向他们说明丸屋花园的概念外，还带领他们参观丸屋花园的施工现场，反复确认花园的设置场所。此外，各社团列举了想在丸屋花园开展的活动，探讨实施活动的方式及花园内有必要安装的设备。许多社团要求安装音响或调试设备，我们便向负责建筑设计的竹内先生传达了他们的需求。这期间，我们也邀请确定会在花园组织活动的社团多次来现场确认设备的安装情况。

使用花园时必须要守规矩。会发出声响或有气味的活动，与商铺商品相抵触的买卖行为都不合适。另外，租用花园的租金，我们会参考鹿儿岛市内租用会议室的平均单价，并与社团商议后再决定。

丸屋花园开业在即，各社团开始探讨开业时举办活动的细节。有些社团在研讨会上没讨论够，也会在其他日子里继续组

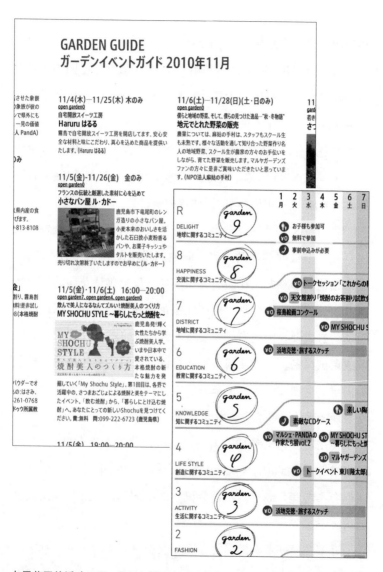

丸屋花园的活动日历。最初与楼层向导合并在一起，由于后来活动数量增多，就独立制作了。（设计：D&DEPARTMENT PROJECT）

织商议会，不断地进行活动准备。

在丸屋花园开张之后，社团提议使用花园开展各类活动，但其中有些内容必须做些更改。此时，若由丸屋总公司直接向社团提出请求变更活动内容或拒绝花园租赁比较困难。因为提议活动的社团亦是潜在顾客，令他们产生"被丸屋花园拒绝"的想法绝非良策。因此，我们决定在丸屋百货与社团之间设置委员会。委员会必须站在中立的立场上审核社团提交的活动方案，必要时可要求社团做出改进。委员会由鹿儿岛大学的教员、天文馆地区商业街的工会主席、鹿儿岛市政府的市民合作课课长、丸屋花园的店长、丸屋总公司的玉川社长、艺术总监长冈先生及笔者等 7 人组成。

市民的百货公司

丸屋花园于 2010 年 4 月 28 日开业，包含 80 余家商铺，20 个社团活动在各层花园开展。之后的 4 个月里，社团活动增加到了 37 种，每月约开展 200 场。其中好几项活动逐渐积累了固定粉丝群，当社团举办这些活动时，这些粉丝一定会来丸屋花园捧场。致力于推广环保生活的团体表示："之前在市民中心举办活动时，只有原本对环保感兴趣的人会来参加，自从在丸屋花园举办活动以来，我们可以向更多的人传达环保生活的重要性了。"

期间也发生了件有趣的事：只用能在土壤里分解的环保材料制作衣服的服装品牌 ECOMACO 的一位设计师，租用了 2 周花园举办展销会。2 周后，ECOMACO 的展销会虽然结束，花园里也入驻了其他活动，但花园附近的服装精品店开始销售起 ECOMACO 品牌的服装。据说是因为店主中意 ECOMACO 服装所以做了代理。并且，在花园里兼职销售 ECOMACO 服装的女士也同时被服装精品店雇用。到底店主是中意 ECOMACO 还是中意那位兼职女士就不得而知了。

地下一层花园的使用者为销售辍学儿童种植蔬菜的 NPO 团体"麻姑的手村"，其理事长认为，蜜柑组设计的花园装潢如

与辍学少年一起种菜的免费学校"麻姑的手村"。

此时尚，自己的卖场在其中看起来非常不搭，而依样画葫芦制作的活动介绍展板也十分拙劣，销售蔬菜的摊位也与专业设计的花园风格相违和。当他们与我商量这件事时，我向他们推荐了鹿儿岛大学建筑专业的学生，因为学生们正想找实践的机会，NPO 的理事长希望设计出与周边商铺相比不逊色的销售摊位。数周后我去现场，卖场焕然一新。理事长也很满意，说道："摊位设计变漂亮后，辍学儿童在卖菜时充满了自信，在找钱时会大声说'谢谢光临'了。"我想：他唯一担心的大概是儿童们重拾自信后会相继离开卖场吧。

社团与商户合作的情况逐渐增多。在一场集合了 100 位建筑师的专题研讨会召开当日，6 楼的书店随即在显眼的位置摆上了建筑专业的书籍，并且在 7 楼的咖啡厅举行交流会，接着在 8 楼的婚礼会场续摊。社团活动与商铺相辅相成，这是丸屋花园的协调员在其中努力联络的成果。

协调员的存在非常重要。2011 年 4 月，丸屋花园迎来了开业 1 周年，并新增了 1 名协调员，他是鹿儿岛大学的学生，曾为组织辍学儿童卖菜的团体"麻姑的手村"设计过摊位，学习建筑专业的他，期望从事培养公共空间的中坚力量等相关工作，所以希望去丸屋花园工作。大学毕业后他同时参加了 studio-L 的短期研修课程，目前作为丸屋花园的协调员在努力工作着。

"麻姑的手村"蔬菜销售摊位。风格与周围时尚的商铺格格不入。

经鹿儿岛大学建筑专业学生改造后的漂亮摊位。卖菜员工也变得有活力。

个人也能参加的机制——耕耘者

社团都是既有的团体，他们租用花园开展活动是以往的模式。但在此模式下，有些不隶属于任何社团的人想为丸屋花园做点事却无法以个人的身份参与活动。因此，我们提议新设一个机制——耕耘者（cultivator）。

耕耘者包含“耕耘花园的人”的意思。耕耘者的工作包括主动宣传各类活动资讯、维护管理屋顶花园、为孩子念故事等既支持丸屋花园日常运营又能实现自己所愿的事务。我们提议耕耘者第一弹活动是争当宣传丸屋花园活动的“记者（reporter）”。

学员们在耕耘者培训讲座中学习文章写作方法或摄影技巧。

丸屋花园内的 10 座花园中每天都开展着形形色色的活动，因此有效的宣传手段非常重要。我们可以成立供个人加入的新社团，将团员培养成推广丸屋花园活动的记者。

从 2010 年 9 月开始举办的记者培训讲座，学员们跟随摄影师学习摄影技巧，跟随作家学习如何撰写吸引眼球的文章，学习取材方法及博客、推特的使用方法，并在此过程中形成了新的社团，待讲座结束后作为独立的活动团体开始致力于丸屋花园或天文馆地区的信息宣传工作。27 位讲座参加者的动机不尽相同，有人对丸屋花园感兴趣，有人想为天文馆地区尽点心意，有人想提升摄影或写作能力，有人想结识新朋友等。抱有诸多目的的人们组成了新的社团，活跃在丸屋花园及其周边地区。现在，他们积极对丸屋花园内举办的各类活动进行取材并报道在电子杂志上（详情请参照网址：www.maruyagardens-reporter.blogspot.com）。

城镇里必不可少的百货公司——企业的公共性

广告文案撰写人渡边润平先生将丸屋花园的理念命名为"unitement（多元素联合）"。即并非将百货公司机械地按功能分区，而是把商户、社团、顾客与城镇串联起来形成多元素联合的百货公司。丸屋花园基于此理念成为了城镇营造的核心。

民营企业能为所在城镇做的贡献，并非只有以 CSR 的名义为公共事业提供资金支持这一项，也可以作为新的公共事业负责人，使用适于自己经营内容的方法来回馈当地，这样的企业才能称之为"城镇里必不可少的存在"。民营企业承担起公共事务，回馈当地，同时当地亦会支援企业发展，建立起上述良性关系至关重要。令人欣慰的是，对于鹿儿岛的社团或天文馆地区的人们来说，丸屋花园已成为"必不可少的存在"。

3. 新祭典

　　——水都大阪 2009 与土祭（大阪、栃木县，2009 年）

以活动为契机的社区设计

　　2009 年发生了件有趣的事，两个抱有同样目的的祭典活动正好同时找上了我。不同的是场所的特性及后续的发展。一个是在大阪中心地带以中之岛为中心举办的"水都大阪 2009"。另一项是在栃木县益子町的中心街区举办的"土祭"。水都大阪的活动时间以 9 月为主，加上前后半个月共有 52 天的户外活动。土祭是 9 月中下旬举行的为期 16 天的户外活动。二者都不是以举办祭典本身为目的，而在于以祭典为契机培养出后续城镇营造的相关团队。

　　实际上，并不能用"发生了件有趣的事"这种悠哉的心情来看待此事。在水都大阪活动中，我们必须把 370 名志愿者合理地分配给 160 位艺术家；而在土祭里活动中，我们必须把 260 名志愿者分配给 28 支队伍并做好祭典的准备工作。因为两项活动同时举行，故该时期的 studio-L 成员只好兵分两路开展工作。

　　有趣的是后续的结果。尽管社区设计的方法大同小异，作为目的之一的后续城镇营造工作的发展却大不相同。水都大阪活动并未朝城镇营造的方向发展；反观土祭，已然成立了活动团体，在运营社区咖啡屋的同时也为激活中心街区开展相关活动。在大阪市中心地带举办的水都大阪活动，后续的发展是主要负责人在博弈期间停滞不前，志愿者们的热情也逐渐冷却下来。而另一边，在小地方冷清的中心街区举办的土祭，参与其中的志愿者们形成了关系网，并利用空置的店铺开展城镇营造活动。这两个祭典中隐含着社区设计中重要的关键词，即公共事业中的行政推动力。

水都大阪 2009 的社团

　　水都大阪是由大阪府、大阪市、关西经济联合会、大阪工商会议所、关西经济同友会等关西主要组织及中央政府单位的地方办事处等部门联合举办的活动。官方成立了执行委员会，并委托我负责志愿者的管理工作。来自全国各地的 160 名艺术家齐聚大阪中心地带的中之岛进行作品展示并开展研讨会。我们的任务是招募支持这项艺术活动的市民，组织团队，安排班次，做好为期 52 天的活动管理工作。

　　那时，我认为活动的准备阶段是进行团队建设的好时机。

兵库县有马富士公园在春天及秋天都有节庆活动举办，以此为契机，各社团的协作精神有了飞跃性发展。鹿儿岛的丸屋花园亦是如此，在开业活动准备期间团队精神有了质的飞跃。兵库县家岛地区的"探索岛屿"专项及大阪市的余野川大坝的"探索乡村"专项，无论多小的活动，在其准备阶段都能促进团队协作精神的升华。所以我提议，水都大阪也按上述模式推进，招募志愿者支持艺术家活动，在活动举办的 52 天里形成强有力的团队，待活动结束后团队作为大阪城镇营造工作的中坚力量继续活跃。执行委员会方面亦持相同看法，不能让水都大阪像单纯的活动一样终结，而是把取得的成果以各种形式延续到后续的城镇营造工作中。

因此，我们活用关西的各种关系网招募活动的支持者，最

水都大阪 2009。

终招募到约 370 名市民。我们用 2 天时间召开了说明会，向支持者们阐明水都大阪的活动概要，并告知他们本次活动并非单纯的祭典，而是与后续的城镇营造工作相关联。之后进行分组，即根据参加者的兴趣组成相应的支持小组。

我们制作了 52 天里的小组排班表，形成支援艺术家活动的相应机制。活动中 studio-L 成员必须在场，不仅要支援支持者们的行动还要做出指导以提高团队的团结协作精神。每个小组都制作了独立的册子在朋友间传阅，该册子不同于官方的活动内容宣传册。活动结束后，大家仍会组织见面，商量后续的活动

我们告知支持者们，本次活动与后续的城镇营造工作相关联。

安排。

但是，水都大阪 2009 执行委员会迟迟未能决定后续活动如何开展。大阪府、大阪市、经济界的考量方式逐渐产生分歧，加之使用临水空间的限制太多，在探讨预算及责任划分的过程中，执行委员会最终解散了。此后我参加了由执行委员会的事务局长以个人名义召开的"关于继承和发展水都大阪的思考会"，与在场的朋友们商讨后续的活动内容，可依旧未决定好方向，只是徒耗时间。活动结束 2 年后，我还出席过名为"水都大阪推进委员会"的研讨会，但仍感觉事态几乎不可能继续推进了。

水都大阪活动一结束，原本对后续活动内容有想法的支持者们也只好各奔东西，如今已不知去向。支持者团队曾多次向执行委员会询问："什么时候开展活动比较好？"每次得到的答复都是"组织上还没安排好，还请耐心等待"。后来他们也就不问了。经历水都大阪活动的准备阶段及实行阶段成立的新社团就此解散了，真是可惜。

土祭的社团

土祭是在以名为"益子烧"的陶器而闻名的栃木县益子町举办的祭典。益子町的支柱产业以窑业、农业及林业为主，这些产业的关键词都是"土"，故决定举办宣扬"土"文化的祭典。由总监马场浩史先生设定土祭的理念。活动期间将展示黏土艺术家完成的作品、举办发光泥团制作的研讨会、开办以当地蔬菜为原料的餐饮咖啡馆、在土制舞台上演奏音乐等。他们想尝试用"土"把人们联系在一起，并举办一场盛会。

　　与水都大阪一样，土祭也以执行委员会的方式推进。益子町的大冢町长担任执行委员会的会长，他向我征求意见，我提议祭典全程由市民参与，培养多个团队，在祭典结束后作为城镇营造的中坚力量继续活动，这与水都大阪一致的思路。以此思路为基础，我们以益子町为中心招募志愿者，约有 260 人报名。

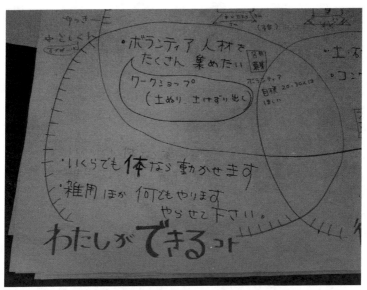

共招募到 260 位志愿者。在研讨会上，各自提出力所能及的事。

当地的小学生组成的"儿童艺术导游"，即由孩子们在城市里做向导。背景为贴在建筑物上的巨大海报。

我们把这些人集合起来召开全体大会，根据运营祭典必要的分工将志愿者分成 28 个团队，并向他们说明，该祭典并非单纯的活动，也是为后续的城镇营造工作搭桥铺路。

在祭典开始前，我们会定期召开全体大会，此外还设置讨论会与各团队商讨活动准备事宜。临近祭典时，开办"用心款待客人"主题讲座，主要与大家分享以何种心情及方式款待来自首都圈的游客。同时，再次向大家确认参与祭典后续的城镇营造工作，并向各团队征询想以何种方式继续活动的意见。在距离祭典正式开始只有短短数日时，我一再打断他们的准备工作询问后续的活动计划，想必他们一定很烦躁吧？但即使如此，我依然执着地向他们确认后续计划。因为我认为事前再三确认事后的活动计划非常重要。

历时 16 天的祭典一开始，每个人都会在接待游客时应接不

"用心款待客人"主题讲座。

祭典持续了 16 天。

暇、疲于奔命，可后半段时间大家便习惯了每天的工作。祭典逐渐接近尾声，该讨论结束后的活动内容了。此时，自准备阶段开始不厌其烦地向团队确认后续活动计划的做法便体现出成效。果然，在祭典临近尾声时，团队内部开始自发讨论起后续的活动方案。

土祭闭幕后，来自好几个团队的有志之士成立了名为"土之环"的团体。以土祭为契机将大家串联成环，故取名为"土之环"。栃木绿建团队曾在祭典期间将中心街区的空房子改造成作品展览会场，"土之环"团体又将其改造成咖啡屋及画廊作为

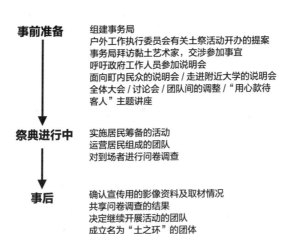

土祭中居民参与的过程。

栃木绿建团队的座谈会。

在以土祭为契机成立的"栃木绿建
画廊"里，"土之环"团体开了间咖
啡屋。

活动据点，并举办展览会或其他活动，因此加入"土之环"的人数逐渐增多。此外，他们与町内其他社团联络，合作的情况亦增加。前日，受"土之环"活动启发的商工会制订了促进中心街区活性化的规划。以土祭为契机，人们之间的关系网开始扩散开来。

行政参与对于公共事业的重要性

水都大阪与土祭的区别到底在哪里？确实，水都大阪是在大都市的中心地带举办的活动，关系主体众多，因为在临水区域故限制也较多，因此有可能会有后续的活动难以开展的情况。但是，若能在事前一定程度上规划好活动框架，即使不允许在水边活动，也可以选择在限制较少的中之岛公园展开行动。如果参照兵库县有马富士公园的模式进行公园管理，在庆典中成立的团队肯定能成长为专项活动的中坚力量。若考虑大阪中心街区的立地条件，之后也会有许多 NPO 团体或同好会集结在中之岛公园里组织五花八门的活动吧？如果能让这些社团作为核心成员支援水都大阪，他们应该会从中认识到自己的价值，并持续在中之岛公园里开展活动吧？

每当听到"很难协调府、市及经济界之间的关系"这样煞有介事的说辞，我不禁会想：处于时代转换期的大都市，也许真的很难诞生新的事物吧？我知道地方基础自治体拥有很强的危机意识，应对变化的能力也很强。但如果政府与市民不认真合作，想解决眼前的课题绝不可能。教育、社会福利、产业振兴、城乡差距，不管在哪个方面，现在都过了光靠政府就能解决问题的时代。因此，政府与市民之间的协作必不可少。

我们可以看到，市民参与公共事业的模式已日趋成熟。放眼全国范围，可见诸多实例。现在的问题在于"行政参与"。光靠政府推进公共事业的模式依旧残存至今，尤其是大都市的行政人员不清楚如何参与到公共事业中。在如今这个市民与政府参与公共事业的时代，行政内部的裁决体系必须紧跟市民活动的步伐。如果不能及时改变策略，政府有必要提前构建在制度、预算方面与市民合作的框架。

以活动为契机可以成立新的社团。若该社团向理应承担公共责任的政府寻求协作，政府能迅速做出回应吗？如果得到的回复是"这件事请让我带回去商议并请示上级"，在等待答复的过程中，被退回并要求重新商讨……不断重复这个过程，只会让市民的热情消磨殆尽。即使半年后得到答复"让您久等了，根据各方多次商讨后的决议，行政方面无法给出这次活动的预算"，社团也早就已经解散了吧。

在公共事业方面，行政参与的积极性远不如市民，特别是在大都市，实在是令人感到力不从心。

第 6 章

社会设计——
以社群的力量解决问题

1. 用设计解决森林问题

——穗积锯木厂专项（三重，2007~）

忍者的社区营造座谈会

众所周知，伊贺为忍者故里，但我万万没想到会有人身着忍者服大谈社区营造。2006 年在伊贺市举办的社区营造相关座谈会上，主持会议的市长是忍者，案例汇报者是忍者，就连参会的 300 名观众也都打扮成忍者，简直把忍者故里发挥得淋漓尽致。我认识其中的一名女忍者。她已年过 6 旬，老伴经营的木材厂也差不多该歇业了。然后，她打算将木材厂旧址改造成可供人们聚会的公园，所以委托我进行公园设计。这样的机会实属难得，于是我立刻动身奔赴现场。

穗积木材厂位于 JR 关西本线的岛原站前面。这座目前由 70 岁的穗积夫妇经营的木材厂由于后继无人，故打算关掉后改造成站前公园。夫妇俩希望该公园能成为让本地居民休闲聚会的场所。穗积家先辈曾担任过 20 年的岛原村（现在已并入伊贺市并由伊贺市统一管理）村长。由于承蒙当地居民的很多照顾，作为子辈的夫妇俩想回报恩情，因此计划打造一座公园。真可谓一段佳话。

木材厂占地 3 000m² 以上，包括 4 个 400m² 的仓库，里面摆放着整套切割、烘干原木的设备，以及用于打磨原木制成建材的机械，而且还残留有许多建材。如果把这些东西全部撤去，再考虑设计成"保存木材厂时期记忆的公园"，未免太过可惜。就这样保持原状也很有趣。以往大家很少能体验将原木加工成木材的过程，所以何不建一个能让人原汁原味体验木工乐趣的场所呢？既然目的是打造人们可以聚会娱乐的场所，那么不是公园也能达成这个目标。

例如，居住在都市的人们周末过来游玩，把这里打造成能让他们按照自己喜好制作家具的场所怎么样？木材被加工成建材后价格会大幅增加，若需要木材的人来当地采购原木，价格会便宜不少。一根原木能加工成好几根木材，让人们花费几周时间一点点制作家具，制成后配送到户。如果能成立这样一所

穗积木材厂的仓库。

家具制作学校，应该能吸引都市的人们聚集于此。并且，如果当地的居民愿意协助运营上述学校，想必也会产生各种交流。2007年，我向穗积夫妇如此提议。

专项准备工作

若客人周末过来制作家具并留宿，我们有必要提供吃饭、洗澡及睡觉的地方。饭食方面由穗积夫人牵头的NPO法人"主妇会"提供，她们已在木材厂的入口处经营着咖啡馆，使用当地蔬菜烹饪菜肴。洗澡方面可使用当地已有的温泉设施"やぶっちゃ"（译注：岛原地区方言，意为"大家"）。剩下只需解决睡觉的地方。因此我们决定在木材厂范围内搭建帐篷供客人休息。不过难得开在木材厂里，所以帐篷全是木制的。由于没有打地基，帐篷虽然有些重但是可以移动，能让客人在木材厂里休息睡觉。

NPO法人"主妇会"使用当地蔬菜烹饪而成的菜肴。

学生一起参与建造由建筑师设计好的建筑物。

　　我们委托在关西地区活跃的6组建筑师团队分别进行木帐篷设计，并招募愿意参与建设工作的学生。由于很少有机会与大家一起打造建筑师设计的建筑，所以吸引了关西地区的许多学生。学生们有的在家具制作学校尝试制作家具，有的致力于建设供人聚会交流的广场，有的帮助主妇会烹饪饭菜。在此过程中，学生们慢慢地学会了作业分工，成立了寝室组、家具组、广场组、饮食组等社团。现在约有200名学生参与到专项中。

在家具制作学校试做家具的人员。

给参加家具制作学校的家庭成员讲解工具使用方法的人员。

活动设计

　　家具制作学校的活动十分单纯。由于被称作"寝室"的木制帐篷只有6座，故每次最多只能接待6个家庭。活动既能个人参加，也能以家庭为单位参加。6组家庭通过破冰游戏成为朋友后，首先去山里了解杉木及桧木林的生长境况。由于国产木材利用率不高，大多数山林因疏于管理而荒废。若与得到妥善管理维护的山林相比，便能立即理解山林荒芜的处境。荒山易发生水土流失，情况严重时还会引发泥石流。所以为了可持续发展，不可过度砍伐。从山里合理采伐树木，加工成木材才能制成家具，便是保护山林的一种方式。我们希望参加者能理解这一点，所以邀请他们体验原木采伐、木材加工、制作家具的整个过程。

　　参加者在周末制作的家具可暂时存放在现场，待下个周末继续作业。经历4个周末后，桌子或椅子基本制作完成。届时成品可送货上门，活动至此结束。通过为期4周的活动，重要的是6组家庭变成了好朋友，深入了解了岛原地区的民风民情，并对家具制作产生了浓厚的兴趣。如果参加者增多，"寝室"可再建第7、第8座吧。

　　这项为期4周的活动一年内能举办几次？对于山林学习、木头采伐、家具制作等活动项目，参加者能接受的费用是多少？在以家庭为单位参加的情况下，是否有必要为女性或小孩设置

设计：tapie

设计：SPACE SPACE

设计：ARCHITECT TAITAN PARTNERSHIP

设计：dot architects

设计：SWITCH 建筑设计事务所

设计：吉永建筑设计工作室

建筑师们设计的木制帐篷"寝室"。

另外的活动项目？现在我们一边进行模拟活动，一边与参加者共同探讨活动的核心脉络。

专项缓慢推进

此次专项的特征在于缓慢推进。专项的准备时间格外长。经过 4 年的准备时间，如今家具制作学校仍未开办。因为我们认为放缓推进的步伐非常重要。若是突然间改变这片土地，让外人闯入，并贸然开启全新的项目，势必引发本地居民的强烈反对。变化速度过快，会使人们的情绪很难及时调整过来。

另外，若操之过急，项目本身缺乏充分的测试，则全部按照预测或计划的内容推进专案，没有多余的时间一边测试一边不断修正项目的框架。基于预测展开活动，势必会大幅增加效果不如预期的风险。而且仓促的准备也会影响空间打造或工具调配等工作。为了抓紧开业而放弃某些东西，结果使专项变成一场赌博，这一点相当危险。

相对而言，若缓慢推进专项则能规避许多风险。在一次次的尝试中，不断修正不足之处。在此过程中不会出现重大失误。为此很重要的一点是在不欠债的情况下推进专项。如果向相关者之外的人借钱，推进专项会产生利息。随着时间的推移会利滚利。为了尽可能减少利息支出，人们会想尽快启动活动，尽早从参加者手中收回费用偿还借债。

大家缓慢推进专项吧。

若想专项不出现利滚利的问题，最好一步一个脚印地实施专项。利用库存的木材，集学生之力搭建小屋，使用原有的机械开办家具制作学校，循序渐进地推进专项。如此一来，便能发现许多未关注到的不足之处，一边修正一边夯实专项方案。如果发现的问题光靠自己解决不了，就去寻找能帮得上手的伙伴，在互动中逐渐拓展人际网，借此机会让本地人也能逐渐理解专项，并与外来学生产生交流，进而催生出新的社团。

慢慢地，我们找到了愿意入驻穗积木材厂指导家具制作的设计师，凑齐了必要的工具，建成了制作家具的工坊。搭建完成6座"寝室"后，终于到了家具制作学校开放的日子。但是准备工作还在继续，为配合学校运营，我们希望与学生合作搭建第7座"寝室"，此外还希望试做"木材厂年轮蛋糕"作为土特产，希望制作木制刀叉、盘子，希望打造画廊用于展示、销售当地现已不常见但有趣的物件……我们还有许多未完成的梦想。因此，我们期盼穗积夫妇能一直健健康康。如果该专项能让年过七旬的穗积夫妇长命百岁，我们也会很开心。

冲着这一点，我们也该缓慢推进吧。

2. 解决社会问题的设计

——+design 专项（2008 年）

邂逅卡梅隆·辛克莱（Cameron Sinclair）

有一次，我在随意翻阅杂志（pen2004 年 6 月 15 日号）时，目光在其中一页上定住了。文章的标题是"有必要为无家可归者设计建筑物"，作者卡梅隆·辛克莱是 NPO"人道主义建筑（Architecture for Humanity）"的创始人，通过建筑师网站募集合适的设计，帮助因战乱或灾害而流离失所的人群在当地修筑栖身之所。这些建筑并非简单的避难所或难民营，里面随处可见精心的设计，足以造就舒适的生活空间。卡梅隆·辛克莱作为信奉建筑力量的建筑师，但他自己并不亲自进行设计，而是专注于募集世界各地建筑师们的创意，在当地实施最合适的建筑修建项目。

针对社会问题，设计究竟能做些什么？我曾对这个问题感到迷茫，但看完这篇文章后我的想法开始明确。设计并非一种装饰。设计师抓住问题的本质并将其完美解决，而并非徒有其表的华丽装饰。设计的英文"design"，关于它的词源众说纷纭，但于我而言，design 是从信息（sign）中提炼精髓（de），圆满解决问题本质的一种行为。这便是我想为之奋斗的设计。用美与共鸣的力量解决人口减少、少子高龄化、中心街区衰退、边际村落、森林问题、无缘社会等社会问题。因此重要的是，直面问题的人们是否能团结一心，而实现团结的契机便是社区设计工作。

另外没想到的是，将这样的活动在全世界范围内开展的卡梅隆居然与我同龄。看着杂志中摆造型的卡梅隆，无论是松弛的双下巴，还是突出的肚腩，的确是我们这个年龄常见的体型。顿感亲切的我即刻给他发了一封邮件，告诉他日本也有与他志同道合的设计师。卡梅隆也完全同意社区设计在解决问题中能

找到机会与卡梅隆会面，直接进行对话。（摄影：小泉瑛一）

发挥巨大作用的观点。他也曾摸索如何通过设计增强社区设计的力量。目前他正致力于发展中国家的事务，而我也在为日本的山地离岛地区而努力，我们会定期交换信息。我感觉自己找到了一位强大的伙伴。我把解决森林问题纳入 2007 年开始的穗积木材厂专项中，也是受卡梅隆的启发。

震灾 +design（2008 年）

设计是解决社会问题的工具，重要的是设计能凝聚社群的力量。在与卡梅隆的信息交换过程中，我确信了这一点。当我在大学的研究室（东京大学大学院工学研究科都市工学科大西·城所研究室）谈及此事时，有位叫笕裕介的同伴对此很感兴趣。笕先生在广告代理公司工作，2001 年 9 月 11 日在纽约出差时亲眼目睹了恐怖袭击。广告或设计所能做的，难道只有刺

设想在 203X 年，东京首都圈发生大地震。某地区约 300 名居民因住宅倒塌流离失所，暂时在附近的小学体育馆内避难。在避难这样的非常时期，会发生供水不足、治安恶化、居民冲突等一系列问题。事态继续恶化可能导致伤亡发生。请大家找出在避难所可能产生的问题，并提出设计上的解决方案。

激消费促进经济增长而已吗？笕先生心中的疑问与我的想法不谋而合。我也亲身经历过 1995 年 1 月 17 日的神户大地震。同样经历过巨大灾难的我们开始讨论不局限于实体硬件的设计，还讨论如何通过设计解决社会问题。

这段交流过程孕育出了后来的"震灾 +design"专项。作为笕先生所属的广告代理公司博报堂旗下的 hakuhodo+design 项目组与 studio-L 合作推进的专项，我们决定与学生们一同思考如何通过设计解决震灾后避难所中出现的各类问题。专项的前半部分是研讨会，后半部分是方案竞赛，相比之前的专项流程有所改变。

要求学生两人一组参加竞赛，一人为设计专业，另一人必

梳理每组学生的方案。

设计的潜力

1. 永续发展的设计
2. 支撑理念的设计
3. 指引方向的设计
4. 消除隔阂的设计
5. 维系情感的设计

| 居民间交流不足，运营必须依靠行政单位或志愿者 | → | 促进互相了解、互相帮助、共享技能的 ID 卡 | 促进水资源循环利用的分类标签 |

设计的潜力。

须为其他专业。教育与设计、护理与设计、产业与设计……跨专业的各种组合前来报名。我们与 22 组共计 44 名报名者一起开展研讨会，请他们思考并列举避难所里会产生的问题。在整理问题的同时，为了发掘更深层次的问题，学生们有的奔赴资料馆查询，有的在书籍或网上调查信息。接着让学生们把整理好的核心问题带回去思考，并提出解决这些问题的设计方案。最后，我们对方案进行梳理，与学生们一起总结归纳最终的提案内容（详情请参照 http://www.h-plus-design.com/1st-earthquake）。

最终，为了解决避难所里出现的问题，我们提议的设计内

以大学生为主的研讨会。

容大部分在于提高社群的力量，例如"可令水质一目了然的标签，保证避难所里珍贵的水资源循环利用""可表达感谢心意的贴纸，促进居民之间的团结""佩戴标明自己能做的事的卡片，让避难者自身能为避难所做贡献"等。（详情请参照 hakuhodo+design 与 studio-L 合著的《震灾中设计能做什么》，NTT 出版，2009）。越是深入探寻避难所中发生的问题的本质，就越清楚问题并不可能仅靠设计出便利的工具就迎刃而解。通过认真思考问题解决之道，我们得出结论：有必要设计出促进人们合作以及凝聚社群力量的工具。这个项目让我再次感受到社区设计的必要性。

　　在我撰写本书稿的过程中，2011 年 3 月，日本东北发生了大地震。我立即与笕先生联系，这正是实现"震灾 +design"构想的好时机。首先，我们请避难所里的人们把各自能做的事情

以学生提案为原型设计的"服务贴纸"。避难所的志愿者把它们贴在身上，方便避难者开口求助。

写在 ID 卡上，梳理后制作成标明志愿者技能的"服务贴纸"送往当地。此外，还准备了供前往当地的人们自由下载打印"服务贴纸"的网页（http://issueplus-design.jp/dekimasu）。避难所里的志愿者忙碌地来回奔波，许多避难者想求助但不好意思开口。我们希望"服务贴纸"能成为避难者用于向志愿者开口求助的契机。

放学后 +design（2009 年）

第 2 年的课题定为"孩子们放学后"（因为博报堂的专项定位在第 1 年发生了改变，故第 2 年开始由博报堂生活综合研究所和 studio-L 合作）。前半部分的发现问题研讨会除了 30 组共 60 名大学生外，还邀请小学生及其监护人参加，我们利用各种道具了解小学生在放学后做的事情。结果我们发现了现在的孩子遇到的几项问题，如"孩

小学生在放学后会做什么？运用纸牌游戏开展研讨会，把握放学后的动向。

子也想有'欢乐星期五'（译注：因周末不用上班，成人可以和同事或朋友晚上去消遣,故称'欢乐星期五'）""希望有发呆的时间""睡眠不足，白天总犯困""若不提前安排，就没有时间玩耍"等。我们在整理这些问题的同时，为探究其本质而查阅相关文献，之后让参加者提交了一次设计方案，依此选出 12 组共 24 名学生开展集训研讨会。

关在宿舍里三天两夜，学生们两人一组探讨构思设计方案，最后由我们进行梳理。由于一再被我们退回要求重做，学生们直呼这个过程就像"受到千万次打击"。但这话该我们说才对，因为 12 组学生接连提交上来的方案都不成熟，需要我们一一指导修改，所以三天两夜里几乎没怎么睡觉（详情请参照 http://seikatsusoken.jp/zokei/kodomo）。

如此千锤百炼后的提案，有"可间接掌握儿童所在位置的自动贩卖机游戏""长期支持儿童发育的母子手册 20 年计划""当地居民经营的非营利食堂，可让孩子们在放学后轻松聚会"等。正是因为大学生们与儿童年龄相近，才能构思出上述设计方案（详见博报堂生活综合研究所著的《让孩子拥有幸福》，非卖品，2010）。书中也能看到许多儿童社群或与此相关的成人社群参与的设计方案。

值得注意的是，学生们将构想付诸行动。例如，他们提议充实日本发行的育儿工具书《母子手册》的内容，随即展开专项组开始梳理流程。除了通过笕先生的项目组开发的网页或推特，收集全国各地的家长对《母子手册》的意见外，还在都市及山地离岛地区开展研讨会或采访活动，切身了解家长的心声。专项组在充分收集信息后尝试制作了新版《亲子健康手册》，接着再次组织研讨会及采访活动，并在听取专家的意见后，制作完成了最终版的《亲子健康手册》。新版《亲子健康手册》亮点颇多，譬如增加了从孩童到成人期间的病历或用药史的内容，清晰明了地标明必读信息，开设帮助家长增加育儿喜悦以及减少不安的专栏，介绍父亲参与育儿的方式……当孩子们长大后

以学生提案为基础制作的《亲子健康手册》。

为人父母时，也可以把这本手册当作礼物送给自己的孩子（详情请参照 http://mamasnote.jp）。

有些母亲在阅读了新版《亲子健康手册》后，说道："要是我们的城镇采用这本亲子手册，我都想再生一胎。"虽然这可能是玩笑话，但我们很开心能做出一本令人满意的亲子手册。目前，岛根县的海士町及栃木县的茂木町正式采用了新版《亲子健康手册》，考虑将来采用的地方政府也不少。

issue+design（2010 年）

第 3 年，我们决定不提前定好课题（第 2 年之后，项目定位又发生变化，这一年的项目由神户市、felissimo 公司、博报堂及 studio-L 共同推进）。这次我们准备向公众征求课题，希望用设计解决大部分人心中的问题。因为我们认为，这样的设计才是解决社会问题的设计。

于是，我们使用推特向公众提问："目前你感受到的社会问题是什么"，整理完大家陆续投稿的"零碎问题"后，我们暂时归纳出 6 大主题，即防灾、育儿、自行车交通、食品、医疗与看护、外国人与移民。接着，我们针对 6 个主题分别指派引导员（Facilitator），并在推特上组织了研讨会。限时 2 小时的研讨会分为 2 天举行，大家针对每个主题踊跃发言。在推特上举办研讨会，人们发推文、提意见速度快，而且意见数量多，我们拼命整理、串联大家的回复，提炼关键词。在不断敲击键盘

2 小时后，终于明确了各主题下的问题结构。通过推特研讨会，我们深入推敲问题，最终详细整理出了 3 类问题，即震灾、食品以及自行车交通。除此之外，我们还征集了为解决上述问题所提出的设计方案。这次的活动不仅有学生参加，社会人士也能参与进来。我们从征集到的 317 件方案中评选出了 16 件，经梳理后精选出每个主题的优秀作品。

人们提出的设计有"为防止家具倾倒的动物型防灾物品""可学习抗震相关知识的市民大学""可前往附近农田采摘蔬菜的票券""可按顺序列出赏味期限（译注：赏味期限指食品风味保存较好、适

issue+design 的研讨会。

合食用的时期)的收据""可携带式把手、即插即用的公共自行车""既可乘电车也能骑公共自行车的月票"等，都是在震灾、食品及自行车交通方面独一无二的构想（详情请参照 http://issueplusdesign.jp）。

以社会设计为目标

当我在思考如何通过设计解决社会问题时，发现有两条路可走。一是直接解决问题，通过设计物品解决困难。例如，在非洲缺乏自来水设施的村庄里，可设计一种用手推便可滚动的

在网页上公示人们在推特上提的意见。

滚轮状水箱，比起顶着水瓶走，这样能在更短的时间里运送更多的水。

第二条路是用设计凝聚社群的力量从而解决问题。同样以非洲的村庄为例，我们可以设计一种旋转玩具，孩子们在玩耍的过程中把地下水抽上来，储存在水箱里，这样一打开水龙头就能用水了。该设计方案是通过吸引儿童社群聚集起来玩耍，进而解决人们的取水问题。

从事社区设计的工作中，一般会选择第二条路。如何通过设计凝聚社群的力量呢？如何创造出人与人互助合作的机会呢？我们要观察当地的人际关系，发掘地区资源，厘清问题结构，在此基础上思考如何组合各项元素才能让当地居民凭自己的力量解决难题，并持续做下去。其方法论不仅适用于通过设计解决地区社会存在的个别问题，也与世界性问题之间存在许多共通之处。今后，我希望在与致力于社会设计（social design）并在全世界活动的卡梅隆·辛克莱先生交换信息的同时，继续探讨关于解决日本国内问题的设计研究。（目前，我正与卡梅隆先生探讨日本东北地区的复原和复兴计划，并与"人道主义建筑"组织建立有效的合作机制。）

此外，关于社会设计的宣传介绍在日本国内并不常见，即便世界范围内已出版有许多相关的英文图书，但日语类的相关图书少之甚少。因此，我希望从以日语介绍世界范围内的社会设计的相关资讯开始切入。现在，我每个月都会在建筑公司的刊物上以连载的形式介绍社会设计的相关内容（在连载的过程中，为取得相关图文的版权，我与世界范围内的 50 多家致力于社会设计的设计事务所取得了联系，对我而言这也是一笔巨大的收获）。我在考虑以后有机会将连载集结成书，将来也可供除建筑公司以外的人们阅读。尤其是设计专业的学生，我希望他们能够意识到他们将来的从业领域不该局限于成为企业中的室内设计师，或就职于商业设计事务所，也可以作为社会设计师通过设计解决世界上的各种难题，这也是一份很有意义的工作。目前，世界上已有许多人投身社会设计的行列中，所以我也希望能培养出致力于解决日本国内问题的社会设计师。

　　日本全国各地的问题层出不穷，单靠我们一小部分人肯定解决不了。我希望越来越多的人能投入到社区设计中来，提高各地城镇自身解决难题的能力。

如何通过设计凝聚社群的力量？

结　语

　　我对社群产生兴趣的理由有好几个，其中之一便是阪神淡路大地震的经历。当时还是学生的我，在震后立即奔赴当地，戴上神户市的黄色袖章去现场踏勘，负责判断建筑物完全损毁、半损毁及部分损毁的情况，并在地图上用颜色表示。我负责的地区是东滩区住吉，这里根本没必要仔细判断，只用红铅笔在地图上涂就好了，因为放眼望去全都损毁了。地图上标识的道路在实地已无法找到，我怀着沉重的心情沿着河边走，这里聚集着大量难民。大家正在齐心协力准备食物，痛失爱子的夫妻正在鼓励失去双亲的亲戚。此时此刻，人与人之间的紧密联系让我心生慰藉。虽然神户市已变成废墟，但人与人之间的紧密联系却始终不灭，其中也孕育着重建家园的希望。我感受到了社群的强大力量。

　　2011 年，在本书稿即将完成之际，日本东北地区遭遇强震袭击。我思绪万千，不由得停下了写作，也许此时有比写书更需要我去做的事情吧。但是我又回忆起了当年相信社群力量的自己，我告诉自己，现在更应该优先写完这本关于社区设计的书稿。

　　灾区的道路或住宅终有一天会修复完毕，不管原址是否需

社区设计：比设计空间更重要的，是连接人与人的关系

要进行城镇营造，硬件设施也会按部就班地完善。但此时万万不可忽略的是人与人之间的紧密联系。在阪神淡路大地震中，由于安置房数量大幅少于受灾人数，故优先让高龄者和残障人士居住，这是基于人道主义的判断。可是高龄者和残障人士与原本生活在周边的亲戚之间存在着紧密的联系，亲戚会给他们送晚餐并时常照顾其生活起居。但在震后，这种紧密联系被切断了。在只有高龄者和残障人士聚集的安置房中，震后3年间已发生了200多起"孤独死"（译注："孤独死"是指独自生活的人在没有任何照顾的情况下，在自己居住的地方因突发疾病等原因而死亡的事件，特别是指发病后不呼救而死亡的情况。"孤独死"以老年人特别是高龄老年人居多，是全人类社会老龄化的突出表现之一，在日本尤为突出）的案例。

在非常时期，人与人之间的紧密联系极其重要，而这种联系需要在平时努力维系。灾害发生后，构筑人们之间的紧密联系不像建造安置房那般高效。此时，平日里的社群活动便显得尤为重要。因此，现在必须让有关社区设计的图书尽快问世。这便是我坚持完成这份书稿的原因。

不知是不是感受到了这份心意，作为编辑的井口夏实小姐不再像原先那样催稿了。我从第一次写书便与井口小姐合作，如今已过去10年。还记得第一次与井口小姐合作出版成功时，我的喜悦无法言表。同时也十分感谢作为本书出版坚强后盾的学艺出版社。

　　数据及图表的整理多亏 studio-L 的成员相助：醍醐孝典与西上亚里莎帮我整理了各个项目的数据，神庭慎次、井上博晶、冈本久美子帮我整理图表。特此表示感谢。

　　不仅日本东北地区的复兴需要社区设计，在无缘化社会现象蔓延的全国也迫切需要加强人与人之间的紧密联系。这不仅是为了应对非常时期，也是为了能让我们拥有快乐充实的日常生活、结识值得信赖的伙伴、参与值得全身心投入的活动项目，以及度过充实的一生。

　　若本书能成为各地形成人与人之间的紧密联系的新契机，将是笔者莫大的荣幸。

附　录

◆ studio-L 专项负责人

- 有马富士公园：山崎亮
- 游乐王国：山崎亮
- 联合国儿童基金会公园专项：山崎亮
- 在堺市环濠地区的田野调查：山崎亮、醍醐孝典、神庭慎次、西上亚里莎
- 景观探索：山崎亮、醍醐孝典、神庭慎次、西上亚里莎
- 千里康复医院：山崎亮
- 家岛专项：西上亚里莎、山崎亮、醍醐孝典、神庭慎次、曾根田香、山角亚里莎、冈本久美子、井上博晶、长生大作
- 海士町综合振兴规划：山崎亮、西上亚里莎、神庭慎次、醍醐孝典、冈崎惠美、井上博晶
- 笠冈群岛儿童综合振兴规划：山崎亮、西上亚里莎、曾根田香、冈崎惠美、神庭慎次
- 余野川大坝专项：山崎亮、醍醐孝典、西上亚里莎、井上博晶
- 高层住宅建设专项：山崎亮、醍醐孝典、井上博晶
- 泉佐野丘陵绿地：山崎亮、神庭慎次、冈本久美子、西上亚里莎
- 丸屋花园：山崎亮、西上亚里莎、神庭慎次
- 水都大阪 2009：山崎亮、醍醐孝典、曾根田香、井上博晶、长生大作
- 土祭：山崎亮、西上亚里莎、冈崎惠美、井上博晶
- 穗积锯木厂专项：山崎亮、西上亚里莎、醍醐孝典
- +design 专项：山崎亮、醍醐孝典、西上亚里莎、曾根田香、冈本久美子、神庭慎次、井上博晶